DESCOMPLICANDO:
UM NOVO OLHAR SOBRE A MATEMÁTICA ELEMENTAR

SÉRIE MATEMÁTICA EM SALA DE AULA

DESCOMPLICANDO:
UM NOVO OLHAR SOBRE A MATEMÁTICA ELEMENTAR

Ana Cristina Munaretto

2ª edição

Rua Clara Vendramin, 58 – Mossunguê
CEP 81200-170 – Curitiba – PR – Brasil
Fone: (41) 2106-4170
www.intersaberes.com
editora@intersaberes.com

Conselho editorial
Dr. Alexandre Coutinho Pagliarini
Dr.ª Elena Godoy
Dr. Neri dos Santos
M.ª Maria Lúcia Prado Sabatella

Editora-chefe
Lindsay Azambuja

Gerente editorial
Ariadne Nunes Wenger

Assistente editorial
Daniela Viroli Pereira Pinto

Edição de texto
Monique Francis Fagundes Gonçalves

Capa
Mayra Yoshizawa

Projeto gráfico
Sílvio Gabriel Spannenberg

Adaptação do projeto gráfico
Kátia Priscila Irokawa

Diagramação
Sincronia Design

Equipe de *design*
Mayra Yoshizawa
Charles L. da Silva
Iná Trigo

Iconografia
Célia Regina Tartalia e Silva
Regina Claudia Cruz Prestes

Dados Internacionais de Catalogação na Publicação (CIP)
(Câmara Brasileira do Livro, SP, Brasil)

Munaretto, Ana Cristina
 Descomplicando : um novo olhar sobre a matemática elementar / Ana Cristina Munaretto. -- 2. ed. -- Curitiba, PR : Editora Intersaberes, 2023. -- (Série matemática em sala de aula)

 Bibliografia.
 ISBN 978-85-227-0657-0

 1. Aprendizagem – Metodologia 2. Matemática – Estudo e ensino 3. Prática de ensino 4. Professores – Formação profissional I. Título. II. Série.

23-152466 CDD-370.71

Índices para catálogo sistemático:
1. Professores de biologia : Formação profissional : Educação   370.71
Eliane de Freitas Leite – Bibliotecária – CRB 8/8415

1ª edição, 2018.
2ª edição, 2023.
Foi feito o depósito legal.

Informamos que é de inteira responsabilidade da autora a emissão de conceitos. Nenhuma parte desta publicação poderá ser reproduzida por qualquer meio ou forma sem a prévia autorização da Editora InterSaberes.
A violação dos direitos autorais é crime estabelecido na Lei n. 9.610/1998 e punido pelo art. 184 do Código Penal.

Sumário

7 *Apresentação*

10 *Como aproveitar ao máximo este livro*

15 Capítulo 1 – Conjuntos: conceitos básicos
15   1.1 Conjuntos e elementos
17   1.2 Subconjuntos
19   1.3 Operações em conjuntos
24   1.4 Complementar de um conjunto
26   1.5 Produto cartesiano

31 Capítulo 2 – Conjuntos numéricos
31   2.1 Um pouco de história
36   2.2 Operações
43   2.3 Indução matemática
46   2.4 Máximo divisor comum
54   2.5 Relação de ordem
56   2.6 Intervalos na reta
59   2.7 Módulo ou valor absoluto

67 Capítulo 3 – Equações e inequações
67   3.1 Expressões algébricas
69   3.2 Equações
78   3.3 Inequações
82   3.4 Equações diofantinas lineares
85   3.5 Sistemas lineares

95 Capítulo 4 – Relações
95   4.1 Relações binárias
97   4.2 Relação inversa
97   4.3 Propriedades das relações
99   4.4 Relações de equivalência
101   4.5 Relações de ordem

107 Capítulo 5 – Funções
107   5.1 Definição e exemplos
110   5.2 Gráfico de funções

113	5.3 Função par e função ímpar
117	5.4 Funções injetoras e sobrejetoras
120	5.5 Composição de funções
123	5.6 Função inversa

131 Capítulo 6 – Funções elementares

131	6.1 Funções polinomiais
139	6.2 Funções racionais
143	6.3 Função modular
145	6.4 Funções trigonométricas
151	6.5 Funções exponenciais
155	6.6 Funções logarítmicas
163	*Para concluir...*
164	*Referências*
165	*Bibliografia comentada*
167	*Respostas*
176	*Sobre o autor*

Apresentação

Assuntos fundamentais para todo professor de matemática, os conjuntos numéricos e as funções são noções essenciais nos ensinos fundamental e médio, mas são também o passo inicial e indispensável para o cálculo diferencial e integral, nos quais o comportamento das funções é estudado de forma mais abrangente.

Por isso, nesta obra, que é focada essencialmente nesses assuntos, nos pautamos sobretudo em explorar exemplos (cotidianos ou não), com demonstrações matemáticas de diversas propriedades e teoremas. Analisaremos definições, conheceremos os teoremas e faremos demonstrações a fim de elucidar os temas de forma ampla e de aprofundar e desenvolver novas ideias acerca deles. Para isso, optamos por abordar os temas da maneira como são elencados nos parágrafos seguintes.

No **Capítulo 1**, abordaremos, de modo não aprofundado, a Teoria de Conjuntos, pois ela será necessária para, posteriormente, tratarmos sobre as relações e as funções. Trabalharemos, ainda, com as operações entre conjuntos, que serão amplamente demonstradas por meio de exemplos.

Por ser um tema fundamental para o estudo das funções, abordaremos, no **Capítulo 2**, os conjuntos numéricos (conjunto dos números reais, dos números inteiros, dos números racionais e dos números reais), que têm operações definidas com base em propriedades – estas, por sua vez, serão largamente utilizadas na resolução de inequações que veremos no próximo capítulo. Por fim, veremos como representar intervalos na reta real e algumas propriedades do valor absoluto de números reais.

No **Capítulo 3**, discutiremos dois tipos de equações e inequações: as lineares, também chamadas *de primeiro grau*, e as quadráticas, conhecidas como *de segundo grau*. Estudaremos as técnicas de solução destas relacionando-as a problemas do cotidiano. Além disso, abordaremos as equações diofantinas, que consideram apenas o conjunto dos números inteiros.

No **Capítulo 4**, estudaremos as relações binárias, que são relações entre dois elementos que podem pertencer a um mesmo conjunto ou a conjuntos diferentes. Analisaremos dois tipos muito especiais de relações – as de equivalência e as de ordem –, que se diferem pelas propriedades que possuem.

Iniciaremos o **Capítulo 5** abordando a condição de existência e a condição de unicidade das funções e analisaremos a expressão visual das funções por meio de gráficos. Depois, estudaremos tipos especiais de funções (pares, ímpares, injetoras, sobrejetoras e bijetoras) e, por fim, com base em funções específicas, construiremos funções de composição e inversa.

Para finalizar esta obra, veremos, no **Capítulo 6**, que algumas funções têm uma fórmula explícita que envolve adições, subtrações, multiplicações, divisões, potenciações e radiciações – as chamadas *funções elementares*. Além disso, analisaremos os comportamentos das funções afim, quadráticas, modulares, trigonométricas, exponenciais e logarítmicas.

Vale dizer que nossa intenção é que esta obra seja um instrumento que permita a você adentrar no misterioso e maravilhoso mundo da matemática de forma leve, organizada e prazerosa, entendendo que ela não é um fim em si mesma. Esperamos, ao contrário disso, instigá-lo a pesquisar mais sobre as teorias e práticas abordadas aqui.

COMO APROVEITAR AO MÁXIMO ESTE LIVRO

Este livro traz alguns recursos que visam enriquecer o seu aprendizado, facilitar a compreensão dos conteúdos e tornar a leitura mais dinâmica. São ferramentas projetadas de acordo com a natureza dos temas que vamos examinar. Veja a seguir como esses recursos se encontram distribuídos no decorrer desta obra.

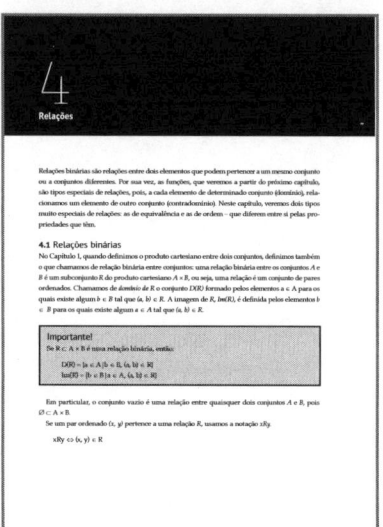

Introdução do capítulo
Logo na abertura do capítulo, você é informado a respeito dos conteúdos que nele serão abordados, bem como dos objetivos que o autor pretende alcançar.

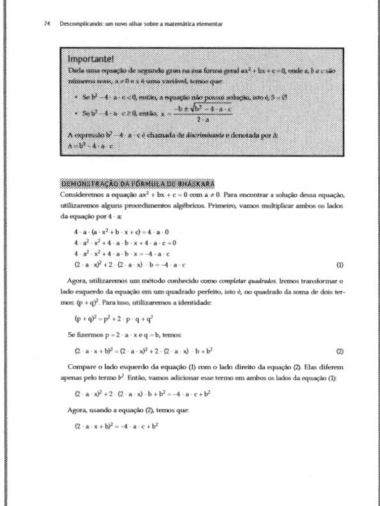

Importante
Algumas das informações mais importantes da obra aparecem nestes boxes. Aproveite para fazer sua própria reflexão sobre os conteúdos apresentados.

Conjuntos: conceitos básicos 25

seja, $A^c = U - A$. Em geral, o conjunto universo está implícito no problema e não precisamos especificá-lo. Complementar de um conjunto é dado por:

$x \in A^c \Leftrightarrow x \notin A$

Podemos listar, ainda, algumas propriedades do conjunto complementar:

1. $\varnothing^c = U$
2. $U^c = \varnothing$
3. $A \cup A^c = U$
4. $A \cap A^c = \varnothing$
5. $(A \cup B)^c = A^c \cap B^c$
6. $(A \cap B)^c = A^c \cup B^c$
7. $A - B \subset B^c$

Mostraremos aqui, especificamente, as propriedades 5 e 7.

Propriedade 5

I. $(A \cup B)^c \subset A^c \cap B^c$
Suponhamos que $x \in (A \cup B)^c$. Então, $x \notin A \cup B$. Isso significa que $x \notin A$ e $x \notin B$. Assim, $x \in A^c$ e $x \in B^c$. Logo, $x \in A^c \cap B^c$.

II. $A^c \cap B^c \subset (A \cup B)^c$
Suponhamos que $x \in A^c \cap B^c$. Então, $x \in A^c$ e $x \in B^c$, isto é, $x \notin A$ e $x \notin B$. Logo, $x \notin A \cup B$ e, portanto, $x \in (A \cup B)^c$.

Preste atenção!
Quando temos a negação da relação de pertinência, os conectivos lógicos *e* e *ou* aparecem invertidos no que se trata da intersecção e da união de conjuntos.

$x \notin A \cap B \Rightarrow x \notin A$ **ou** $x \notin B$
$x \notin A \cup B \Rightarrow x \notin A$ **e** $x \notin B$

Propriedade 7
Suponhamos que $x \in A - B$. Então, $x \in A$ e $x \notin B$. Ora, desde que $x \notin B$, temos que $x \in B^c$.

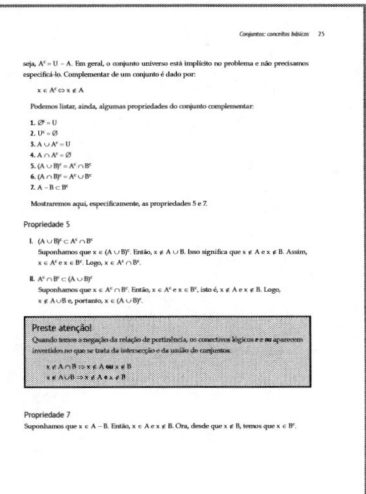

Preste atenção!

Nestes boxes, você confere informações complementares a respeito do assunto que está sendo tratado.

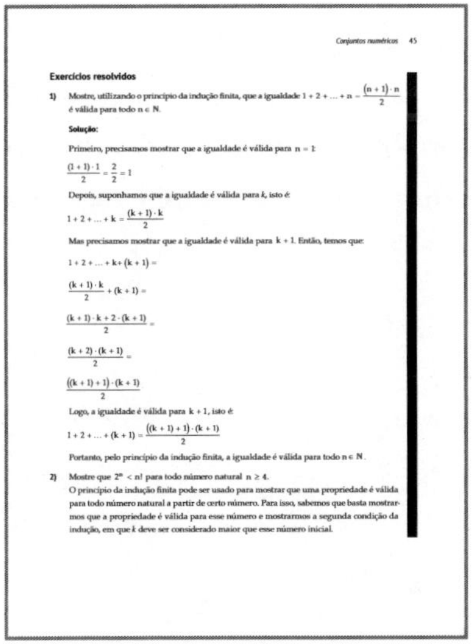

Conjuntos numéricos 45

Exercícios resolvidos

1) Mostre, utilizando o princípio da indução finita, que a igualdade $1 + 2 + \ldots + n = \frac{(n+1) \cdot n}{2}$ é válida para todo $n \in \mathbb{N}$.

Solução:

Primeiro, precisamos mostrar que a igualdade é válida para $n = 1$:

$\frac{(1+1) \cdot 1}{2} = \frac{2}{2} = 1$

Depois, suponhamos que a igualdade é válida para *k*, isto é:

$1 + 2 + \ldots + k = \frac{(k+1) \cdot k}{2}$

Mas precisamos mostrar que a igualdade é válida para $k + 1$. Então, temos que:

$1 + 2 + \ldots + k + (k+1) =$

$\frac{(k+1) \cdot k}{2} + (k+1) =$

$\frac{(k+1) \cdot k + 2 \cdot (k+1)}{2} =$

$\frac{(k+2) \cdot (k+1)}{2} =$

$\frac{((k+1)+1) \cdot (k+1)}{2}$

Logo, a igualdade é válida para $k + 1$, isto é:

$1 + 2 + \ldots + (k+1) = \frac{((k+1)+1) \cdot (k+1)}{2}$

Portanto, pelo princípio da indução finita, a igualdade é válida para todo $n \in \mathbb{N}$.

2) Mostre que $2^n < n!$ para todo número natural $n \geq 4$.
O princípio da indução finita pode ser usado para mostrar que uma propriedade é válida para todo número natural a partir de certo número. Para isso, sabemos que basta mostrarmos que a propriedade é válida para esse número e mostrarmos a segunda condição da indução, em que *k* deve ser considerado maior que esse número inicial.

Exercícios resolvidos

Nesta seção, a proposta é acompanhar passo a passo a resolução de problemas mais complexos que envolvem o assunto do capítulo.

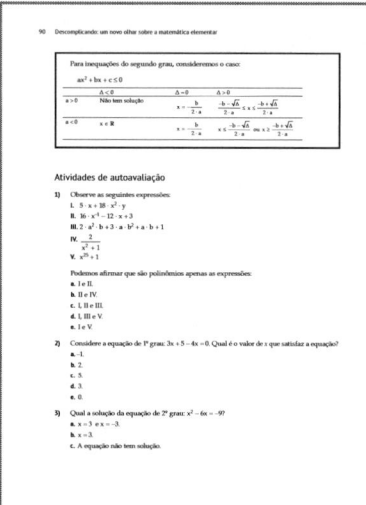

Atividades de autoavaliação
Com estas questões objetivas, você tem a oportunidade de verificar o grau de assimilação dos conceitos examinados, motivando-se a progredir em seus estudos e a se preparar para outras atividades avaliativas.

Atividades de aprendizagem
Aqui você dispõe de questões cujo objetivo é levá-lo a analisar criticamente determinado assunto e a aproximar conhecimentos teóricos e práticos.

Síntese

Você conta, nesta seção, com um recurso que o instigará a fazer uma reflexão sobre os conteúdos estudados, de modo a contribuir para que as conclusões a que você chegou sejam reafirmadas ou redefinidas.

Bibliografia comentada

Nesta seção, você encontra comentários acerca de algumas obras de referência para o estudo dos temas examinados.

Neste capítulo, estudaremos a Teoria de Conjuntos, não de modo aprofundado, mas de forma que seja suficiente para compreendermos o desenvolvimento dos temas que virão a seguir: as relações e as funções. Trabalharemos especialmente as operações entre conjuntos, analisando exemplos aplicados no cotidiano e também exemplos teóricos, o que dará início, para nós, às técnicas de demonstrações e nos ajudará a adquirir uma sólida formação matemática.

1

Conjuntos: conceitos básicos

1.1 Conjuntos e elementos

Como você já deve saber, para nós, a noção de *conjunto* é intuitiva. Ou seja, ao dizermos a palavra, já deduzimos que conjunto é uma coleção de objetos, não é mesmo? Por sua vez, esses objetos são chamados de *elementos do conjunto* e podem ser de qualquer natureza – até mesmo um conjunto pode ser um elemento, desde que não seja o próprio conjunto. Em outras palavras, isso significa que um conjunto não pode ser elemento dele mesmo, mas que podemos considerar, por exemplo, um conjunto formado pelo conjunto de todos os números pares e pelo número três:

$\{\mathbb{P}, 3\}$, onde $\mathbb{P}$ é o conjunto dos números pares

Nesse caso, o conjunto dos números pares é um elemento do conjunto que estamos considerando.

Podemos dizer que um conjunto está bem definido quando é possível verificar claramente se determinado elemento pertence ou não a ele. Por exemplo, quando dizemos "o conjunto formado pelos números muito grandes", essa definição está clara? Será que o número 1 000 pertence a esse conjunto? Perceba que, pela descrição, não conseguimos responder a essa pergunta com precisão. No entanto, se, em vez dessa descrição, definíssemos o conjunto dizendo que "ele é formado por todos os números naturais maiores que 500", o conjunto estaria bem definido.

Veja ainda que acabamos de definir dois conjuntos de forma discursiva, ou seja, descrevemos seus elementos por meio de palavras. Essa é uma das três maneiras utilizadas para fazer essa representação. Em geral, para isso, podemos usar:

1. **Enumeração**: É o caso em que listamos todos os elementos do conjunto entre chaves. Por exemplo, o conjunto formado pelos números naturais que são maiores que 5 e menores que 10 pode ser representado por: $\{6, 7, 8, 9\}$.

2. Compreensão: Muitas vezes, é inviável listarmos todos os elementos de um conjunto, por exemplo, o conjunto formado pelos números naturais maiores que 500. No entanto, podemos representá-lo por meio de uma propriedade que caracterize elementos, utilizando a simbologia apropriada. O conjunto do nosso exemplo pode ser representado por: {n | n é natural e n > 500}.

> **Preste atenção!**
> Lemos a barra | como "tal que". Assim, podemos ler o conjunto desse item como: o conjunto dos elementos n tal que n é natural e maior que 500.

3. Representação gráfica: Outra maneira de representarmos conjuntos é por meio de diagramas, também chamados *Diagramas de Venn*. É o caso em que os elementos do conjunto são colocados dentro de uma curva simples fechada. Observe, por exemplo, na Figura 1.1, a representação gráfica do conjunto: A = {1, 4, 7, 8}.

Figura 1.1 – Representação gráfica do conjunto *A*

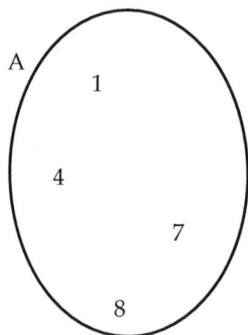

> **Importante!**
> De maneira geral, usaremos aqui letras maiúsculas para denotar conjuntos e letras minúsculas para denotar seus elementos. Escrevemos a ∈ A; lemos: "*a* pertence a *A*", para indicar que o elemento *a* pertence ao conjunto *A*. Agora, se o elemento *a* não pertence ao conjunto *A*, escrevemos a ∉ A; lemos: "*a* não pertence a *A*".

Exemplo 1.1
Consideremos o conjunto A = {2, 5, 8, 15}. Então, temos que:

$2 \in A$

$3 \notin A$

$10 \notin A$

$15 \in A$

Exemplo 1.2
Seja B o conjunto dado por B = {n | n é um número par}. Assim, temos que:

$1 \notin B$

$\dfrac{1}{5} \notin B$

$2 \in B$

$10 \in B$

Vale ressaltar que chamamos de **conjunto vazio** e denotamos por $\emptyset$ ou por { } o conjunto que não possui elemento algum. Por exemplo, o conjunto formado por todas as pessoas que moram na lua é um conjunto vazio (pelo menos por enquanto!).

Além disso, dizemos que um conjunto que tem apenas um elemento é chamado de **conjunto unitário**. Por exemplo, A = {a} é um conjunto unitário, pois só possui a letra a.

> **Importante!**
>
> $\emptyset \neq \{\emptyset\}$
>
> O conjunto $\emptyset$ não possui elemento algum, ou seja, é o conjunto vazio, mas o conjunto $\{\emptyset\}$ é um conjunto unitário: o único elemento desse conjunto é o conjunto vazio.

1.2 Subconjuntos
Se todos os elementos de um conjunto A são elementos de um conjunto B, então dizemos que ***A* é um subconjunto de *B***. Nesse caso, escrevemos $A \subset B$ e lemos "*A* está contido em *B*". Podemos escrever também $B \supset A$, e ler "*B* contém *A*". Observe que, em particular, $A \subset A$, pois todos os elementos do conjunto *A* são elementos do conjunto *A*. Caso contrário, se existir pelo menos um elemento de *A* que não é um elemento de *B*, então dizemos que "*A* não está contido em *B*" e escrevemos $A \not\subset B$, ou ainda podemos escrever que $B \not\supset A$ para dizer que "*B* não contém *A*".

Dados dois conjuntos A e B, dizemos que eles são iguais se possuem exatamente os mesmos elementos. Isso significa que todos os elementos de A são elementos de B, isto é, $A \subset B$, e que todos os elementos de B são elementos de A, ou seja, $B \subset A$. Igualdade de conjuntos:

$$A = B \Leftrightarrow A \subset B \text{ e } B \subset A$$

A flecha com duplo sentido $\Leftrightarrow$ lemos: "se, e somente se". Assim, podemos ler a definição anterior como: "O conjunto A é igual ao conjunto B se, e somente se, A está contido em B e B está contido em A.

Se A e B indicam conjuntos tais que $A \subset B$ e $A \neq B$, então dizemos que A está contido propriamente em B ou que A é um subconjunto próprio de B e podemos escrever, para enfatizar essa condição, $A \subsetneq B$.

Perceba que o conjunto vazio está contido em A, para qualquer conjunto A, isto é, $\emptyset \subset A$, $\forall A$. De fato, suponha que $\emptyset \not\subset A$, para algum conjunto A. Isso significa que existe algum elemento, digamos x, do conjunto vazio que não está em A. O que é uma contradição, pois o conjunto vazio não possui elementos. Logo, $\emptyset \subset A$.

Exemplo 1.3
Se $B = \{x \mid x \geq 3\}$, então o conjunto $A = \{3, 5, 20, 48\}$ está contido em B, isto é, $A \subset B$.

Para qualquer conjunto A, podemos definir um conjunto, denotado por $\wp(A)$, formado por todos os subconjuntos dele. A ele, damos o nome de *conjunto das partes de A*.

Exemplo 1.4
Considere o seguinte conjunto: $A = \{a, b, c\}$. Então, o conjunto das partes de A é o conjunto: $\wp(A) = \{\emptyset, \{a\}, \{b\}, \{c\}, \{a,b\}, \{a,c\}, \{b,c\}, \{a,b,c\}\}$.

A relação entre conjuntos $\subset$ é chamada de *relação de inclusão* e possui três propriedades:

1. **Reflexiva**: $A \subset A$.
2. **Antissimétrica**: Se $A \subset B$ e $B \subset A$, então, $A = B$.
3. **Transitiva**: Se $A \subset B$ e $B \subset C$, então, $A \subset C$.

1.2.1 Propriedades da inclusão
A primeira propriedade da inclusão nos diz que todo conjunto é subconjunto dele mesmo. Ora, todo elemento de A é um elemento de A. Já a segunda propriedade decorre diretamente da definição de igualdade entre conjuntos. A terceira propriedade, por sua vez, diz que seja a um elemento de A, logo, $a \in A$. Como $A \subset B$, então, $a \in B$. Ora, temos que $B \subset C$, logo, como $a \in B$, então, $a \in C$. Disso decorre que todo elemento de A é um elemento de C, e, portanto, $A \subset C$.

1.3 Operações em conjuntos

Dados dois conjuntos quaisquer, podemos obter um terceiro conjunto relacionado a eles efetuando uma operação. As operações elementares entre conjuntos que veremos a seguir são: interseção, união e diferença.

1.3.1 Intersecção de conjuntos

Muitas vezes nos interessa saber quais são os elementos que pertencem a dois ou mais conjuntos simultaneamente. Digamos que A e B são dois conjuntos, então, os elementos que pertencem tanto a A quanto a B formam um novo conjunto chamado de **conjunto interseção**, que escrevemos $A \cap B$.

Exemplo 1.5

$x \in A \cap B \Leftrightarrow x \in A$ e $x \in B$

Assim, podemos escrever o conjunto interseção dos conjuntos A e B como o conjunto: $A \cap B = \{x \mid x \in A$ e $x \in B\}$. Esse conjunto tem as seguintes propriedades:

1. $A \cap \emptyset = \emptyset$
2. $A \cap B = B \cap A$ (comutatividade)
3. $(A \cap B) \cap C = A \cap (C \cap B)$ (associatividade)
4. $A \cap A = A$
5. $A \subset B \Leftrightarrow A \cap B = A$

Agora, vamos analisar melhor a propriedade 5 do Exemplo 1.5. Para isso, precisamos provar duas implicações:

1. $A \subset B \Leftrightarrow A \cap B = A$

Suponhamos que $A \subset B$. Isso significa que $x \in A \Rightarrow x \in B$. Precisamos provar uma igualdade de conjuntos, então temos de mostrar duas inclusões:

a) $A \cap B \subset A$

Seja $x \in A \cap B$. Então, $x \in A$ e $x \in B$. Desde que $x \in A$, mostramos a inclusão desejada.

b) $A \subset B \cap A$

Suponhamos que $x \in A$. Então, pela hipótese, temos que $x \in B$ (pois $A \subset B$). Ora, como $x \in A$ e $x \in B$, temos que $x \in A \cap B$, como queríamos demonstrar.

2. $A \cap B = A \Rightarrow A \subset C$

Suponhamos que $A \cap B = A$. Seja $x \in A$, queremos mostrar que $x \in B$. Ora, como $x \in A$ e $A \cap B = A$, temos que $x \in A \cap B$, isto é, $x \in A$ e $x \in B$. Logo, $x \in B$, como queríamos demonstrar.

Além disso, quando a intersecção de dois conjuntos A e B é o conjunto vazio, dizemos que A e B são **conjuntos disjuntos**.

Exemplo 1.6

Seja A o conjunto dos números naturais que são divisores de 18 e B o conjunto dos números inteiros positivos que são múltiplos de 2, isto é,

$A = \{1, 2, 3, 6, 9, 18\}$
$B = \{2, 4, 6, 8, 10, 12, 14, 16, 18, 20, 22, 24, ...\}$

Os elementos que pertencem simultaneamente a A e a B formam o conjunto interseção:

$A \cap B = \{2, 6, 18\}$

Agora, observe a interseção de dois conjuntos A e B por meio do diagrama da Figura 1.2.

Figura 1.2 – Diagrama de Venn

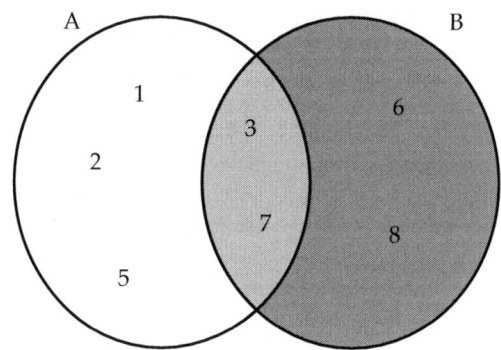

Nesse caso, temos $A = \{1, 2, 3, 5, 7\}$, $B = \{3, 6, 7, 8\}$ e $A \cap B = \{3, 7\}$. Perceba que certamente será mais fácil resolvermos alguns problemas se usarmos essa representação gráfica.

Exercícios resolvidos

1) Um curso de Engenharia de Produção tem 140 alunos matriculados, sendo que 50 alunos deles estão na disciplina Álgebra Linear, 60 em Termodinâmica e 80 em Desenho Técnico. Desses alunos, 10 cursam as disciplinas Álgebra Linear e Termodinâmica, 30 cursam Álgebra Linear e Desenho Técnico, 15 cursam Termodinâmica e Desenho Técnico

e 5 cursam as três disciplinas simultaneamente. No entanto, o coordenador deseja saber: Quantos alunos cursam apenas uma disciplina?

Solução:

Vamos chamar de A o conjunto dos alunos que cursam Álgebra Linear, de B o conjunto dos alunos que cursam Termodinâmica e de C o conjunto dos alunos que cursam Desenho Técnico. Agora, coloquemos esses dados em um diagrama de Venn começando pela intersecção dos três conjuntos. Veja a Figura 1.3.

Figura 1.3 – Intersecção dos três conjuntos

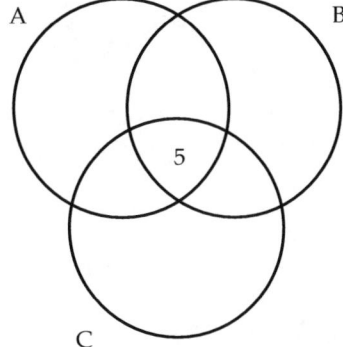

Agora, para marcar os demais dados, precisamos descontar esse valor que já foi marcado, por exemplo, para marcar 10 alunos que cursam as disciplinas A e B, descontamos os 5 alunos que cursam as três disciplinas simultaneamente. Veja, na Figura 1.4, como procedemos para marcar todas as demais intersecções.

Figura 1.4 – Intersecção dois a dois

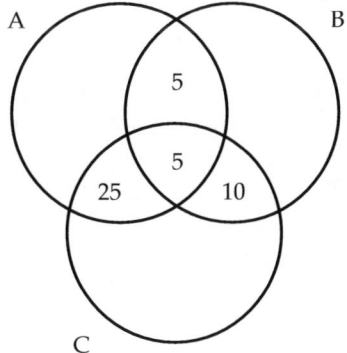

Finalmente, podemos marcar os alunos que cursam, por exemplo, apenas Álgebra Linear. Para isso, tomamos os 50 alunos matriculados nessa disciplina e descontamos aqueles que cursam também alguma outra. Assim, os que cursam apenas Álgebra Linear são: 50 − 25 − 5 − 5 = 15. Procedemos dessa forma para completar o diagrama.

Figura 1.5 − Diagrama completo

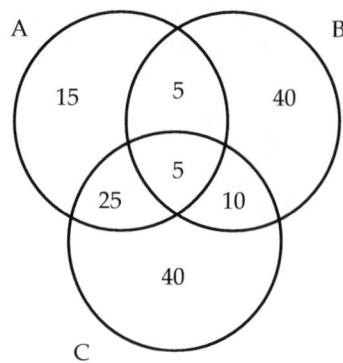

Resposta: O número de alunos que cursa apenas uma disciplina é: 15 + 40 + 40 = 95.

2) Mostre que: Se $A \subset B$, $C \subset D$ e $B \cap D = \emptyset$, então, $A \cap C = \emptyset$.

Solução:

Podemos mostrar que $A \cap C = \emptyset$ por contradição, isto é, negando essa condição e chegando a alguma contradição com as hipóteses.

Suponhamos que $A \cap C \neq \emptyset$. Então, existe $x \in A \cap C$. Logo, $x \in A$ e $x \in C$. Como $A \subset B$ e $C \subset D$, temos que $x \in B$ e $x \in D$. Assim, $x \in B \cap D$. Uma contradição, pois $B \cap D = \emptyset$. Portanto, $A \cap C = \emptyset$.

1.3.2 União de conjuntos

A união de dois ou mais conjuntos é um conjunto formado pelos elementos que pertencem a pelo menos um desses conjuntos. Denotamos a união dos conjuntos A e B por $A \cup B$.

$x \in A \cup B \Leftrightarrow x \in A$ ou $x \in B$

Assim, podemos escrever o conjunto união dos conjuntos A e B da seguinte forma: $A \cup B = \{x \mid x \in A \text{ ou } x \in B\}$, que tem as seguintes propriedades:

1. $A \cup \emptyset = A$
2. $A \cup B = B \cup A$ (comutatividade)

3. $(A \cup B) \cup C = A \cup (B \cup C)$ (associatividade)
4. $A \cup A = A$
5. $A \subset B \Leftrightarrow A \cup B = B$

Exercício resolvido

1) Demonstre a propriedade 5 da união de conjuntos mostrando que $A \subset (A \cup B)$ quaisquer que sejam os conjuntos A e B.

   Solução:
   Se $x \in A$, então é verdade que $x \in A$ ou $x \in B$. Logo, $x \in A \cup B$. Portanto, $x \in A \cup B$.

Com as operações de união e intersecção de conjuntos, podemos pensar ainda nas **Leis de Distributividade** que utilizam essas duas operações. São elas:

1. $A \cup (B \cap C) = (A \cup B) \cap (A \cup C)$
2. $A \cap (B \cup C) = (A \cap B) \cup (A \cap C)$

Vamos mostrar a primeira dessas leis, mas, para isso, lembremos que devemos mostrar duas inclusões, uma vez que se trata de igualdade de conjuntos.

I. $A \cup (B \cap C) \subset (A \cup B) \cap (A \cup C)$
   Dado $x \in A \cup (B \cap C)$, temos que $x \in A$ ou $x \in B \cap C$. Se $x \in A$, temos que $x \in A \cup B$ e $x \in A \cup C$. Logo, $x \in (A \cup B) \cap (A \cup C)$. Agora, se $x \in B \cap C$, temos que $x \in B$ e $x \in C$. Assim, $x \in A \cup B$ e $x \in A \cup C$ e, portanto, $x \in (A \cup B) \cap (A \cup C)$.

II. $(A \cup B) \cap (A \cup C) \subset A \cup (B \cap C)$
   Dado $x \in (A \cup B) \cap (A \cup C)$, temos que $x \in A \cup B$ e $x \in A \cup C$. Temos dois casos a considerar: $x \in A$ ou $x \notin A$. Se $x \in A$, então diretamente $x \in A \cup (B \cap C)$. Se $x \notin A$, temos que $x \in B$ e $x \in C$ (pois $x \in A \cup B$ e $x \in A \cup C$). Assim, $x \in B \cap C$ e, portanto, $x \in A \cup (B \cap C)$.

1.3.3 Diferença de conjuntos

Dados dois conjuntos quaisquer, A e B, podemos obter um novo conjunto, chamado de *conjunto diferença*, formado pelos elementos que estão no conjunto B, mas que não estão no conjunto A. Por exemplo, se o conjunto A é formado por todos os polígonos regulares, isto é, os polígonos que possuem todos os lados iguais, e B é conjunto formado por todos os tipos de triângulos, ou seja, possui triângulos equiláteros, isósceles e escalenos, então o conjunto diferença $B - A$, chamado também de *complementar relativo*, $C_B A$, formado por todos os elementos que estão em B e não estão em A, é o conjunto que possui apenas triângulos isósceles e escalenos.

$x \in B - A \Leftrightarrow x \in B$ e $x \notin A$

Exemplo 1.7

Sejam $A = \{n \in \mathbb{N} | 1 < n < 7\}$ e $B = \{2n | n \in \mathbb{Z}\}$. O conjunto diferença $A - B$ será formado pelos números naturais que estão entre 1 e 7 mas não são pares, isto é,

$A - B = \{3, 5\}$

Considerando os conjuntos A e B dados nesse exemplo, você consegue dizer como é o conjunto $B - A$?

1.4 Complementar de um conjunto

O complementar de um conjunto qualquer A é o conjunto que possui todos os elementos que não estão em A. Perceba, porém, que esse conjunto depende do contexto no qual estamos trabalhando. Suponha que o conjunto A seja formado por todos os carros vermelhos. Qual é o complementar do conjunto A? Se estivermos falando apenas de carros, então o complementar de A conterá todos os carros azuis, pretos, pratas etc. Agora, se o contexto for de todos os automóveis, então, o complementar de A, além de conter todos os carros que não são vermelhos, também conterá ônibus, motos, trens etc. Por isso, muitas vezes precisamos especificar qual é o conjunto universo que queremos considerar.

Logo, o **conjunto universo**, representado por U é o conjunto que possui todos os elementos que desejamos considerar em uma situação. Em matemática, podemos considerar, por exemplo, o conjunto universo como sendo o conjunto dos números reais, ou dos números inteiros, ou dos números complexos.

Em diagramas, o conjunto universo normalmente é representado por um retângulo e, obviamente, todos os conjuntos considerados devem estar inteiramente contidos nele.

Figura 1.6 – Conjunto universo

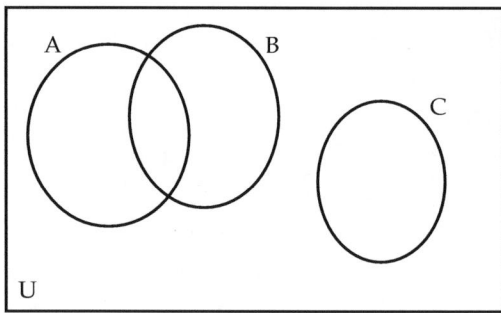

O **complementar do conjunto** A, chamado também de *complementar absoluto* e denotado por A^c ou $C_U A$, nada mais é, então, do que a diferença do conjunto universo com o conjunto A, ou

seja, $A^c = U - A$. Em geral, o conjunto universo está implícito no problema e não precisamos especificá-lo. Complementar de um conjunto é dado por:

$$x \in A^c \Leftrightarrow x \notin A$$

Podemos listar, ainda, algumas propriedades do conjunto complementar:

1. $\emptyset^c = U$
2. $U^c = \emptyset$
3. $A \cup A^c = U$
4. $A \cap A^c = \emptyset$
5. $(A \cup B)^c = A^c \cap B^c$
6. $(A \cap B)^c = A^c \cup B^c$
7. $A - B \subset B^c$

Mostraremos aqui, especificamente, as propriedades 5 e 7.

Propriedade 5

I. $(A \cup B)^c \subset A^c \cap B^c$

Suponhamos que $x \in (A \cup B)^c$. Então, $x \notin A \cup B$. Isso significa que $x \notin A$ e $x \notin B$. Assim, $x \in A^c$ e $x \in B^c$. Logo, $x \in A^c \cap B^c$.

II. $A^c \cap B^c \subset (A \cup B)^c$

Suponhamos que $x \in A^c \cap B^c$. Então, $x \in A^c$ e $x \in B^c$, isto é, $x \notin A$ e $x \notin B$. Logo, $x \notin A \cup B$ e, portanto, $x \in (A \cup B)^c$.

Preste atenção!

Quando temos a negação da relação de pertinência, os conectivos lógicos *e* e *ou* aparecem invertidos no que se trata da intersecção e da união de conjuntos:

$$x \notin A \cap B \Rightarrow x \notin A \text{ \bf{ou} } x \notin B$$
$$x \notin A \cup B \Rightarrow x \notin A \text{ \bf{e} } x \notin B$$

Propriedade 7

Suponhamos que $x \in A - B$. Então, $x \in A$ e $x \notin B$. Ora, desde que $x \notin B$, temos que $x \in B^c$.

1.5 Produto cartesiano

Dados dois conjuntos A e B, o **produto cartesiano** $A \times B$ é o conjunto de todos os pares ordenados (a, b), onde $a \in A$ e $b \in B$. Dois pares ordenados (a, b) e (c, d) são iguais se, e somente se, a = c e b = d.

$$A \times B = \{(a, b) | a \in A \text{ e } b \in B\}$$

Qualquer subconjunto do produto cartesiano $A \times B$ é chamado *de relação binária dos conjuntos A e B*.

Exemplo 1.8
Sejam $A = \{a, b\}$ e $B = \{1, 2, 3, 4\}$. Então, o produto cartesiano de A e B é dado por: $A \times B = \{(a, 1), (a, 2), (a, 3), (a, 4), (b, 1), (b, 2), (b, 3), (b, 4)\}$. Os conjuntos $R_1 = \{(a, 1), (a, 2), (b, 1), (b, 2)\}$ e $R_2 = \{(a, 3)\}$ são exemplos de relações de A em B.

Exemplo 1.9
Imagine que temos de provar que, se $A \subset B$ e $C \subset D$, então, $A \times C \subset B \times D$.

Nessa afirmação, temos por hipótese que $A \subset B$ e $C \subset D$ e desejamos mostrar que $A \times C \subset B \times D$. Para isso, tomemos um elemento $(x, y) \in A \times C$. Desse modo, temos que $x \in A$ e $y \in C$. Portanto, $x \in B$ (pois $A \subset B$) e $y \in D$ (pois $C \subset D$). Assim, $(x, y) \in B \times D$, logo, $A \times C \subset B \times D$.

Podemos generalizar o produto cartesiano para um número finito de conjuntos $A_1, A_2, ..., A_n$:

$$A_1 \times A_2 \times ... \times A_n = \{(a_1, a_2, ..., a_n) | a_i \in A_i, i = 1, ..., n\}$$

Se $A_i = X$ para todo $i = 1, ..., n$, então denotamos $A_1 \times A_2 \times ... \times A_n = X^n$.

Síntese
Dados dois conjuntos A e B, podemos ilustrar as operações entre eles usando diagramas de Venn:

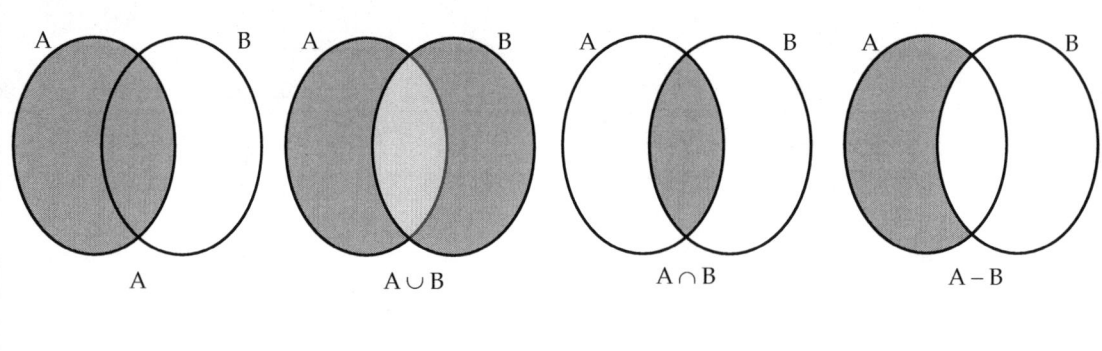

A $A \cup B$ $A \cap B$ $A - B$

Em termos de seus elementos, a relação de pertinência fornece:

União	$x \in A \cup B \Leftrightarrow x \in A$ ou $x \in B$
Intersecção	$x \in A \cap B \Leftrightarrow x \in A$ e $x \in B$
Diferença	$x \in A - B \Leftrightarrow x \in A$ e $x \notin B$
Complementar	$x \in A^c \Leftrightarrow x \notin A$
Produto cartesiano	$(a, b) \in A \times B \Leftrightarrow a \in A$ e $b \in B$

Atividades de autoavaliação

1) Analise as afirmações a seguir e marque-as como verdadeiras (V) ou falsas (F).

   ( ) $\{1, 2, 3\} = \{3, 2, 1\}$.
   ( ) Os conjuntos $A = \{1, 2, 3\}$ e $B = \{3, 4, 5\}$ são disjuntos.
   ( ) $\{1, 1, 1, 2\} = \{1, 2\}$.
   ( ) $\{1, 2, 3\} = \{n \mid n \in N$ e $n \leq 4\}$.
   ( ) $\{1\} \in \{1, 2, 3\}$.

   Agora, assinale a alternativa que corresponde à sequência correta:

   a. V, F, V, V, F.
   b. V, F, V, F, F.
   c. F, F, V, V, V.
   d. F, V, F, F, V.
   e. V, V, F, F, V.

2) A respeito de subconjuntos e a relação de pertinência em conjuntos, assinale a alternativa **incorreta**:

   a. $\emptyset \subset \{2\}$.
   b. $\{2\} \subset \{2\}$.
   c. $2 = \{2\}$.
   d. $2 \in \{2\}$.
   e. $\emptyset \notin \{2\}$.

3) Dados os conjuntos $A = \{1, 2, 3, 4, 5\}$, $B = \{2, 4, 6\}$, $C = \{1, 3, 9\}$ e $D = \{3, 7, 9\}$, encontre o conjunto $(A \cup B) - (C \cap D)$:

   a. $\{3, 7, 9\}$.
   b. $\{2, 4, 6, 7, 9\}$.
   c. $\{1, 2, 3, 4, 5\}$.
   d. $\{1, 2, 3, 4, 5, 6, 7, 9\}$.
   e. $\{1, 2, 4, 5, 6\}$.

4) Observe a figura a seguir e, depois, assinale a alternativa que representa corretamente a área hachurada:

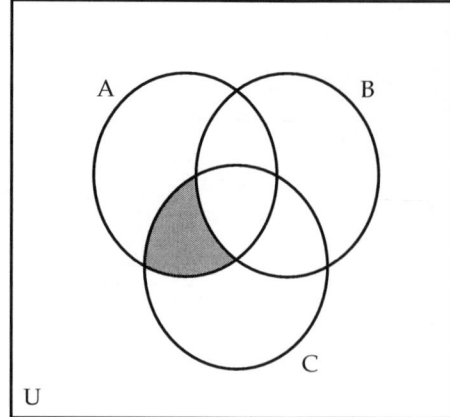

a. $B - (A \cap C)$.
b. $A \cap C$.
c. $A - (B \cup C)$.
d. $(A - B) \cap (C - B)$.
e. $(A - B) \cup C$.

5) Assinale a alternativa que apresenta corretamente o produto cartesiano $A \times B$ dos conjuntos $A = \{a, b, c\}$ e $B = \{1, 2\}$:
a. $\{(a, 1), (a, 2), (b, 1), (b, 2), (c, 1), (c, 2)\}$.
b. $\{(a, 1), (b, 2)\}$.
c. $\{(a, 1), (b, 2), (c, 1)\}$.
d. $\{(1, a), (1, b), (1, c), (2, a), (2, b), (2, c)\}$.
e. $\{(a, a), (b, b), (c, c), (1, 1), (2, 2)\}$.

Atividades de aprendizagem

1) Dados os conjuntos $A = \{1, 3, 4, 6, 7\}$ e $B = \{2, 4, 5, 7\}$, encontre os conjuntos:
a. $A \cup B$
b. $A \cap B$
c. $A - B$

2) Em uma sala de aula, composta por meninas e meninos, há 30 meninas. Nesta sala, 34 estudantes são naturais de Curitiba. Se o grupo formado por todos os naturais de Curitiba junto com as meninas somam 42 estudantes, qual o número de meninas que são naturais de Curitiba?

3) Na sorveteria GeloBom são servidos três sabores de sorvetes exóticos: alho, chá verde e *bacon*. Buscando uma maior satisfação de seus clientes, o gerente realizou uma pesquisa de opinião e chegou aos seguintes resultados:

SORVETE	PREFERÊNCIA
Alho	150
Chá verde	130
Bacon	100
Alho e Chá verde	90
Alho e *bacon*	80
Chá verde e *bacon*	70
Alho, chá verde e *bacon*	50
Nenhum dos três	100

Quantos clientes gostam apenas do sorvete de alho? E quantos gostam apenas de sorvete de *bacon*?

4) Se A, B e C são conjuntos, prove as seguintes afirmações:
   a. $A \cup B \subset A \cap B \Rightarrow A = B$
   b. $A \cup (B - A) = A \cup B$
   c. $A \cap (B - A) = \varnothing$
   d. $C - (A \cup B) = (C - A) \cap (C - B)$
   e. $A \cap C = \varnothing \Rightarrow A \cap (B \cup C) = A \cap B$

Neste capítulo, estudaremos tipos especiais de conjuntos: os conjuntos numéricos. Identificaremos o conjunto dos números reais, dos números inteiros, dos números racionais e dos números reais, que serão fundamentais para o estudo das funções. Esses conjuntos têm operações que definiremos com base em algumas propriedades – as da relação de ordem definida no conjunto dos números reais serão largamente utilizadas na resolução de inequações que veremos no próximo capítulo. Por fim, veremos como representar intervalos na reta real e algumas propriedades do valor absoluto de números reais.

2
Conjuntos numéricos

2.1 Um pouco de história

Você sabe como surgiram os números na forma como os conhecemos hoje? Segundo Carvalho e Gimenez (2009), nosso sistema de numeração é relativamente recente, e grande parte dos historiadores considera que ele só foi completamente desenvolvido entre os séculos IV e VII d.C., mas é claro que muito antes disso já existia a necessidade de contar objetos. É conhecida a história do pastor que utilizava pedrinhas para saber se não faltavam ovelhas no seu rebanho, fazendo correspondência entre as pedrinhas e as ovelhas. Estima-se que esta correspondência tenha surgido há dez mil anos, tendo sido uma das primeiras ideias de abstrações feitas pelo homem: correspondência entre conjuntos. Esse tipo de correspondência também era feito usando-se partes do corpo, como os dedos das mãos, dos pés, os punhos, ombros etc.

Com a evolução das civilizações, as necessidades de contagem aumentaram, isto é, o ser humano passou a ter a necessidade de contar quantidades cada vez maiores, e uma das formas adotadas para atender a essa nova demanda foi aumentar o número de objetos marcadores, ou seja, usar mais partes do corpo, mais pedrinhas etc. Outra forma foi o uso de repetições, por exemplo, se um homem representava dez ovelhas, então, dois homens representariam vinte ovelhas. Apareceu, então, o uso de símbolos para representar quantidades: um símbolo para cada quantidade de coisas contadas.

Foram os povos babilônios, egípcios, gregos antigos e romanos os primeiros a utilizar o sistema de símbolos para cada grupo de coisas contadas. Essa enumeração dos objetos deu origem aos sistemas de numeração. Os egípcios, há cerca de 5 mil anos, tinham símbolos para representar as quantidades 1, 10, 100, 1 000, 10 000 e 100 000.

Acredita-se que foram os indianos, por volta do século V d.C., que desenvolveram o sistema de numeração decimal posicional com a utilização do zero como conhecemos hoje, no qual o valor de cada algarismo depende da sua posição relativa na composição do número.

2.1.1 Números naturais e números inteiros

Contemporaneamente, temos um sistema de numeração que nos permite representar todos os números naturais mediante o uso dos símbolos 0, 1, 2, 3, 4, 5, 6, 7, 8 e 9. Além disso, os números naturais recebem nomes, por exemplo, *dois mil e dezoito*. Você deve lembrar a notação utilizada para representar este conjunto:

$$\mathbb{N} = \{1, 2, 3, 4, 5, \ldots\}$$

> **Preste atenção!**
> Alguns autores consideram o zero como sendo um número natural, outros preferem introduzir o zero juntamente com os números inteiros pelo fato de ele ter sido criado posteriormente. No decorrer desta obra, não consideraremos o zero como um número natural, mas, se quisermos incluir o zero, basta usarmos a união de conjuntos que estudamos anteriormente:
>
> $$\mathbb{N} \cup \{0\} = \{0, 1, 2, 3, 4, \ldots\}$$

O conjunto dos números inteiros é uma extensão do conjunto dos números naturais formado pelos números 0, ±1, ±2, ±3, ... Para representá-lo, usamos a seguinte notação:

$$\mathbb{Z} = \{\ldots, -3, -2, -1, 0, 1, 2, 3, \ldots\}$$

Além disso, muitas vezes é interessante, ou necessário, trabalhar somente com os inteiros positivos ou com os inteiros negativos, incluindo ou não o número zero. Por isso, usamos algumas notações especiais:

- O conjunto dos números inteiros não nulos: $\mathbb{Z}^* = \{\ldots, -3, -2, -1, 1, 2, 3, \ldots\}$.
- O conjunto dos números inteiros não negativos: $\mathbb{Z}_+ = \{0, 1, 2, 3, \ldots\}$.
- O conjunto dos números inteiros positivos: $\mathbb{Z}_+^* = \{1, 2, 3, 4, \ldots\}$.
- O conjunto dos números inteiros não positivos: $\mathbb{Z}_- = \{\ldots, -3, -2, -1, 0\}$.
- O conjunto dos números inteiros negativos: $\mathbb{Z}_-^* = \{\ldots, -3, -2, -1\}$.

Essa simbologia acompanhará nossos estudos e estará presente especialmente nos capítulos finais, nos quais trabalharemos com as funções entre conjuntos.

2.1.2 Números racionais e números reais

O conjunto dos números inteiros surgiu porque houve a necessidade de fazer subtrações que não eram possíveis com os números naturais. Da mesma forma, temos muitas divisões de números inteiros que não resultam em números inteiros. Então, para suprir essa nova demanda, foi gerado o **conjunto dos números racionais**, que é representado por:

$$\mathbb{Q} = \left\{ \frac{a}{b} \mid a \in \mathbb{Z} \text{ e } b \in \mathbb{Z}^* \right\}$$

> **Preste atenção!**
>
> Na representação $\frac{a}{b}$, dizemos que a é o numerador e b é o denominador.

Da mesma forma que fizemos com os números inteiros, podemos querer trabalhar apenas com os racionais positivos ou com os negativos, com ou sem o zero. Por isso, também adotamos as seguintes notações:

- Racionais não nulos: $\mathbb{Q}^*$
- Racionais não negativos: $\mathbb{Q}_+$
- Racionais positivos: $\mathbb{Q}_+^*$
- Racionais não positivos: $\mathbb{Q}_-$
- Racionais negativos: $\mathbb{Q}_-^*$

Os números racionais podem ser escritos também na sua forma decimal, por exemplo, $\frac{10}{4} = 2,5$. Lembre-se de que todo número decimal que possui um número finito de casas decimais é um número racional.

Exemplo 2.1

$$0,3 = \frac{3}{10}$$

$$2,75 = \frac{275}{100} = \frac{11}{4}$$

No entanto, você já deve ter ouvido falar das dízimas periódicas, certo? Elas são números decimais que têm infinitas casas decimais, mas nos quais há repetição, por exemplo, $\frac{1}{3} = 0{,}3333\ldots$ Dizemos que essa dízima tem *período 3*, que podemos representar da seguinte forma: $0{,}3333\ldots = 0{,}\overline{3}$. Dizemos ainda que essa dízima periódica é *simples*, pois o período inicia logo após a vírgula. No entanto, a dízima periódica também pode ser composta, por exemplo, por $\frac{1\,028}{300} = 3{,}426666\ldots = 3{,}42\overline{6}$. Nesse caso, o período é 6 e a parte não periódica é 42.

Exemplo 2.2

Dízima periódica simples	
$9{,}6666\ldots = 9{,}\overline{6}$	Parte inteira: 9
	Período = 6
$24{,}141414\ldots = 24{,}\overline{14}$	Parte inteira: 24
	Período = 14
Dízima periódica composta	
$-7{,}2131313\ldots = -7{,}2\overline{13}$	Parte inteira = -7
	Período = 13
	Parte não periódica = 2
$0{,}123589589 = 0{,}123\overline{589}$	Parte inteira = 0
	Período = 589
	Parte não periódica = 123

Observe que a dízima periódica $9{,}\overline{6}$ é um número racional, pois pode ser escrito como a fração $\frac{29}{3}$. Na verdade, toda dízima periódica é um número racional, ou seja, pode ser escrito como uma fração de números inteiros. Talvez você esteja se perguntando: Como encontrar a fração que representa uma dízima periódica? Bem, depende se a dízima é simples ou composta. Vamos estabelecer duas regras para encontrar essas frações. No entanto, consideraremos dízimas onde a parte inteira é zero. Posteriormente, basta somar essa parte inteira. Se a dízima periódica é simples, usamos a seguinte regra:

Importante!

A fração que representa uma dízima periódica simples é da forma $\frac{p}{a}$, onde p é o período e a é formado por tantos noves quantos forem os algarismos do período. Veja:

- $0{,}7777\ldots = \frac{7}{9}$
- $0{,}434343\ldots = \frac{43}{99}$

- $0,231231231... = \dfrac{231}{999} = \dfrac{77}{333}$

- $3,2222... = 3 + 0,2222... = 3 + \dfrac{2}{9} = \dfrac{27+2}{9} = \dfrac{29}{9}$

- $-4,\overline{13} = (-1)(4,\overline{13}) = (-1)(4 + 0,\overline{13}) = (-1)\left(4 + \dfrac{13}{99}\right) = (-1)\dfrac{409}{99} = \dfrac{-409}{99}$

Por outro lado, se a dízima periódica é composta, então, a fração que a representa é dada por $\dfrac{n}{q}$, onde n é a diferença (parte não periódica seguida do período – parte periódica) e q é formado por uma sequência de noves seguida por uma sequência de zeros, sendo a quantidade de noves dada pela quantidade de algarismos do período e a quantidade de zeros dada pela quantidade de algarismos da parte não periódica. Veja:

- $0,123333... = \dfrac{123-12}{900} = \dfrac{111}{900}$

- $0,4656565... = \dfrac{465-4}{990} = \dfrac{461}{990}$

Existem, ainda, os números que não são racionais, ou seja, que não podem ser escritos como uma fração. Você deve se lembrar do número pi ($\pi = 3,14159265$) ou do número de Euler ($e = 2,71828182$) – dois exemplos de números que possuem infinitas casas decimais, mas não têm repetição como as dízimas periódicas e não existem números inteiros colocados em forma de fração que possam representá-los. Mais do que isso: todos os números decimais com infinitas casas decimais que não são dízimas periódicas não são números racionais. Esses números são chamados de *números irracionais* e o conjunto deles é representado por $\mathbb{I}$.

Para reunir todos os números racionais e irracionais em um mesmo conjunto, definimos o **conjunto dos números reais**, denotado por $\mathbb{R}$. Observe que os números naturais são números inteiros e os números inteiros são números racionais, pois qualquer número inteiro b pode ser escrito como $\dfrac{b}{1}$. Assim, temos que:

$\mathbb{N} \subset \mathbb{Z} \subset \mathbb{Q} \subset \mathbb{R}$

$\mathbb{R} = \mathbb{Q} \cup \mathbb{I}$

O conjunto dos números reais, por sua vez, está contido em um conjunto ainda maior: o **conjunto dos números complexos**, que é formado por elementos da forma $z = a + b \cdot i$, onde a e b são números reais e i é definido pela equação: $i^2 = -1$. Observe que o conjunto dos números reais está contido no conjunto dos números complexos, basta tomar $b = 0$ e assim teremos: $z = a \in \mathbb{R}$.

Figura 2.1 – Diagrama de conjuntos numéricos

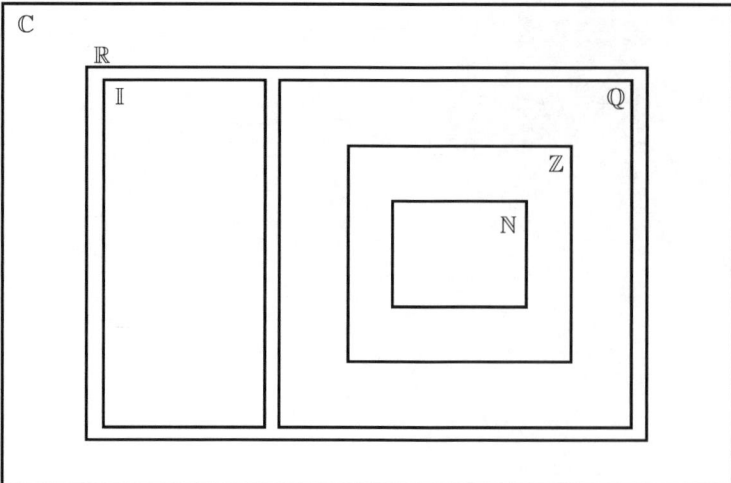

Assim, vale dizer que podemos, ainda, representar os conjuntos numéricos que abordamos aqui em diagramas, como o da Figura 2.1.

2.2 Operações

As operações matemáticas relacionam dois números de um determinado conjunto a um terceiro, de forma que siga determinadas regras. Veremos as operações usuais dos conjuntos numéricos e estabeleceremos quais são as regras que as definem.

2.2.1 Operações em $\mathbb{R}$

Você provavelmente conhece as operações de adição e de multiplicação dos números reais, mas vamos defini-las aqui em termos de suas propriedades.

A adição dos números reais é uma operação que associa a cada par ordenado (a, b) do conjunto $\mathbb{R} \times \mathbb{R}$ um elemento do conjunto $\mathbb{R}$, denotado por a + b, com algumas propriedades. Para todo *a*, *b* e *c* em $\mathbb{R}$, temos:

- Associatividade: (a + b) + c = a + (b + c).
- Comutatividade: a + b = b + a.
- Existência do elemento neutro: existe $0 \in \mathbb{R}$ tal que a + 0 = a.
- Existência do inverso aditivo: existe $-a \in \mathbb{R}$ tal que a + (−a) = 0.

A multiplicação dos números reais é uma operação que associa a cada par ordenado (a, b) do conjunto $\mathbb{R} \times \mathbb{R}$ um elemento do conjunto $\mathbb{R}$, denotado por a · b. Para todo *a*, *b* e *c* em $\mathbb{R}$, temos as seguintes propriedades:

1. Associatividade: $(a \cdot b) \cdot c = a \cdot (b \cdot c)$.
2. Comutatividade: $a \cdot b = b \cdot a$.
3. Existência do elemento neutro: existe $1 \in \mathbb{R}$ tal que $a \cdot 1 = a$.
4. Existência do inverso multiplicativo: se $a \neq 0$, existe $a^{-1} \in \mathbb{R}$ tal que $a \cdot a^{-1} = 1$.
5. Existe ainda a distribuição da multiplicação em relação à adição, cuja lei é:

Para todo a, b e c em $\mathbb{R}$, tem-se: $a \cdot (b + c) = a \cdot b + a \cdot c$

Essa **lei de distributividade** também é denominada *distributiva à direita*, mas veja que não é necessário pedir a distribuição à esquerda, pois podemos usar o fato de a multiplicação ser comutativa e aplicar a distribuição à direita, provando, assim, que também vale a distribuição à esquerda:

$$(a + b) \cdot c = c \cdot (a + b) = c \cdot a + c \cdot b = a \cdot c + b \cdot c$$

Com essas propriedades, podemos mostrar muitas outras a respeito dos números reais. Veja o exemplo a seguir.

Exemplo 2.3

A chamada *lei do cancelamento da adição* diz que, para todos a, b e c reais, se $a + b = a + c$, então, $b = c$.

Com efeito, desde que $a \in \mathbb{R}$, existe $-a \in \mathbb{R}$ tal que $a + (-a) = 0$. Somando $-a$ a ambos os lados da igualdade $a + b = a + c$, temos que $(a + b) + (-a) = (a + c) + (-a)$. Como a adição é associativa e comutativa, temos:

$(a + b) + (-a) = (a + c) + (-a) \Rightarrow a + (b + (-a)) = a + (c + (-a)) \Rightarrow a + ((-a) + b) = a + ((-a) + c) \Rightarrow$
$(a + (-a)) + b = (a + (-a)) + c \Rightarrow 0 + b = 0 + c \Rightarrow b = c$

Exercícios resolvidos

1) Mostre que é válida a lei do cancelamento da multiplicação para os números reais. Dados a, b e c reais, se $a \neq 0$ e $a \cdot b = a \cdot c$, então, $b = c$.

Solução:

Se $a \cdot b = a \cdot c$, com $a \neq 0$, então, multiplicando o inverso multiplicativo de a em ambos os lados da igualdade, temos:

$a^{-1} \cdot (a \cdot b) = a^{-1} \cdot (a \cdot c)$
$\Rightarrow (a^{-1} \cdot a) \cdot b = (a^{-1} \cdot a) \cdot c$
$\Rightarrow 1 \cdot b = 1 \cdot c$
$\Rightarrow b = c$

2) Mostre que para todo a ∈ ℝ temos a · 0 = 0.

Solução:

Com efeito, desde que 0 seja o elemento neutro da adição, temos que $0 + a \cdot 0 = a \cdot 0$. Por outro lado, $0 = 0 + 0$, logo, $0 + a \cdot 0 = a \cdot 0 = a \cdot (0 + 0)$. Aplicando a lei distributiva: $0 + a \cdot 0 = a \cdot (0 + 0) = a \cdot 0 + a \cdot 0$. Agora, pela lei do cancelamento da adição, temos que $0 = a \cdot 0$, como queríamos demonstrar.

3) Se a e b são números reais tais que a · b = 0, então, a = 0 ou b = 0.

Solução:

Se a = 0, não há nada a ser provado, pois nesse caso é verdade que a = 0 ou b = 0. Suponhamos, então, que a ≠ 0. Assim, existe a^{-1} tal que $a \cdot a^{-1} = 1$. Multiplicando ambos os lados da igualdade a · b = 0 por a^{-1}, temos que $(a \cdot b) \cdot a^{-1} = 0 \cdot a^{-1} = 0$. Agora, usando as propriedades associativa e comutativa da multiplicação, temos que $0 = (a \cdot b) \cdot a^{-1} = (a \cdot a^{-1}) \cdot b = 1 \cdot b = b$. Portanto, b = 0.

2.2.2 Operações em ℤ

As operações de adição e de multiplicação definidas no conjunto dos números reais podem ser restritas ao conjunto dos números inteiros. Isso significa que, se o par ordenado (a, b) pertence ao conjunto ℤ × ℤ, então os números reais a + b e a · b são, na verdade, números inteiros, isto é, pertencem ao conjunto ℤ. Dizemos, nesse caso, que essas operações são *fechadas para o conjunto ℤ*.

Acontece que, no conjunto dos números inteiros, não são válidas todas as propriedades que vimos na seção anterior. Lembre-se de que, no conjunto dos números inteiros, não existe o inverso multiplicativo para todos os números diferentes de zero. O inverso multiplicativo de 2 é $\frac{1}{2}$, pois, $2 \cdot \frac{1}{2} = 1$, mas $\frac{1}{2} \notin \mathbb{Z}$.

Para demonstrar a lei do cancelamento da multiplicação, utilizamos o inverso multiplicativo, assim, não demonstraremos essa propriedade para os números inteiros. Para definir as operações de adição e multiplicação no conjunto dos números inteiros, colocaremos essa propriedade como parte da definição.

> **Importante!**
>
> A adição e a multiplicação dos números inteiros são operações que associam a cada par ordenado (a, b) do conjunto ℤ × ℤ os números inteiros a + b e a · b, respectivamente. Para todo *a*, *b* e *c* inteiros, temos as seguintes propriedades:

1. Associatividade da adição: $(a + b) + c = a + (b + c)$
2. Comutatividade da adição: $a + b = b + a$
3. Existência do elemento neutro da adição: $a + 0 = 0 + a$
4. Existência do inverso aditivo: $a + (-a) = 0$
5. Associatividade da multiplicação: $(a \cdot b) \cdot c = a \cdot (b \cdot c)$
6. Comutatividade da multiplicação: $a \cdot b = b \cdot a$
7. Existência do elemento neutro da multiplicação: $a \cdot 1 = a$
8. Lei de distributividade: $a \cdot (b + c) = a \cdot b + a \cdot c$
9. Lei de cancelamento da multiplicação: se $a \neq 0$ e $a \cdot b = a \cdot c$, então, $b = c$.

Com base nessas propriedades, podemos mostrar muitas outras a respeito dos números inteiros. A **lei de cancelamento da adição** pode ser mostrada exatamente como foi feito para os números reais, pois, na demonstração, só usamos propriedades que também são válidas aqui. Da mesma forma, para mostrarmos que $a \cdot 0 = 0$ para todo $a \in \mathbb{Z}$, nenhuma modificação na demonstração feita para os números reais precisa ser feita. No entanto, na demonstração de que se $a \cdot b = 0$, então, $a = 0$ ou $b = 0$, usamos o fato de existir o inverso multiplicativo de um número diferente de zero. Será então que essa propriedade não é válida para os inteiros, ou é válida, mas precisa ser acrescentada como parte da definição? Bom, você conhece dois números inteiros diferentes de zero tal que seu produto seja zero? A resposta é negativa, pois não existem tais elementos. Mas não precisamos colocar essa propriedade na definição porque podemos prová-la com as propriedades que já temos.

Exemplo 2.4

Se $a, b \in \mathbb{Z}$ e $a \cdot b = 0$, então, $a = 0$ ou $b = 0$.

Com efeito, se $a = 0$, então não há nada para mostrar, pois, nesse caso, é verdade que $a = 0$ ou $b = 0$.

Suponhamos que $a \neq 0$. Como $a \cdot 0 = 0$, temos que $a \cdot b = 0 = a \cdot 0$. Logo, pela lei de cancelamento da multiplicação, temos que $b = 0$.

Exemplo 2.5

Para todo número inteiro $a \in \mathbb{Z}$, temos $(-1) \cdot a = -a$.

De fato, como -1 é o oposto de 1, temos que $1 + (-1) = 0$. Então:

$0 = 0 \cdot a = [1 + (-1)] \cdot a = 1 \cdot a + (-1) \cdot a = a + (-1) \cdot a$

Portanto, $(-1) \cdot a$ é o oposto de a, ou seja, $(-1) \cdot a = -a$.

Exemplo 2.6
Se a, b ∈ $\mathbb{Z}$, então, $-(a + b) = (-a) + (-b)$, ou seja, **o oposto da soma é a soma dos opostos**.

Podemos usar a propriedade para mostrar a lei de distributividade: $-(a + b) = (-1) \cdot (a + b) = (-1) \cdot a + (-1) \cdot b = (-a) + (-b)$.

Observe que o sinal –, usado até agora, referia-se ao oposto de um elemento, mas sabemos que esse sinal refere-se também à operação chamada *subtração*. Mas como podemos definir essa operação a partir dos elementos que já temos? Definimos a subtração como uma operação que associa cada par ordenado (a, b) ao elemento a + (–b), isto é, a adição do primeiro elemento do par ordenado com o oposto do segundo elemento. Denotamos esse elemento por a – b e, desde que essa operação é definida a partir da adição, podemos usar as propriedades que demonstramos aqui. Vale observar também que a subtração pode ser definida tanto para o conjunto dos números reais quanto para o conjunto dos números inteiros.

Exemplo 2.7
Se a e b são números inteiros, temos que $(a - b) + b = a$.

De fato, pela definição de subtração e usando as propriedades da adição, podemos dizer que $(a - b) + b = [a + (-b)] + b = a + [(-b) + b] = a + 0 = a$.

2.2.3 Operações em $\mathbb{Q}$

As operações de adição e de multiplicação definidas no conjunto dos números reais são fechadas para o conjunto dos números racionais, ou seja, a soma de dois números racionais é um número racional e a multiplicação de dois números racionais também é um número racional. Além disso, nesse conjunto, não enfrentamos o problema de não possuir o inverso multiplicativo, como aconteceu com o conjunto dos números inteiros. Portanto, essas operações já estão bem definidas em $\mathbb{Q}$. Aqui, veremos como operar com as frações – uma das grandes dificuldades encontradas pelos alunos tanto da educação básica como do ensino superior.

Dados a, m ∈ $\mathbb{Z}$ e b, n ∈ $\mathbb{Z}^*$, tem-se:
$$\begin{cases} \dfrac{a}{b} + \dfrac{m}{n} = \dfrac{a \cdot n + b \cdot m}{b \cdot n} \\ \\ \dfrac{a}{b} \cdot \dfrac{m}{n} = \dfrac{a \cdot m}{b \cdot n} \end{cases}$$

Exemplo 2.8

$$\frac{5}{12} + \frac{1}{7} = \frac{5 \cdot 7 + 1 \cdot 12}{12 \cdot 7} = \frac{35 + 12}{84} = \frac{47}{84}$$

$$\frac{5}{12} \cdot \frac{1}{7} = \frac{5 \cdot 1}{12 \cdot 7} = \frac{5}{84}$$

$$\frac{10}{3} - \frac{1}{2} = \frac{10}{3} + \left(-\frac{1}{2}\right) = \frac{10}{3} + \frac{(-1)}{2} = \frac{10 \cdot 2 + (-1) \cdot 3}{3 \cdot 2} = \frac{20 + (-3)}{6} = \frac{20 - 3}{6} = \frac{17}{6}$$

Para simplificar frações, ou seja, modificá-las de forma a termos os menores números possíveis (em valor absoluto) no numerador e no denominador, utilizamos a **equivalência entre frações**. Duas frações $\frac{a}{b}$ e $\frac{m}{n}$ são ditas *equivalentes* ou *iguais* se $a \cdot n = b \cdot m$.

$$\frac{a}{b} = \frac{m}{n} \Leftrightarrow a \cdot n = b \cdot m$$

Exemplo 2.9

1. $\frac{111}{24} = \frac{37}{8}$, pois $111 \cdot 8 = 888 = 37 \cdot 24$

2. $\frac{-24}{4} = \frac{-6}{1} = -6$, pois $(-24) \cdot 1 = -24 = (-6) \cdot 4$

2.2.4 Potenciação em $\mathbb{R}$

A potenciação (ou exponenciação) de um número real a por um número natural n expressa a multiplicação de a por ele mesmo n vezes, isto é, se $a \in \mathbb{R}$ e $n \in \mathbb{N}$, então:

$$a^n = \underbrace{a \cdot a \cdot \ldots \cdot a}_{n \text{ vezes}}.$$

Dados $a \in \mathbb{R}$ e $n \in \mathbb{N}$, definimos:
1. $a^1 = a$
2. $a^{n+1} = a^n \cdot a$

Perceba que foi definido um valor inicial, $a^1 = a$, e os demais são definidos com base nele:

$a^2 = a^{1+1} = a^1 \cdot a = a \cdot a$
$a^3 = a^{2+1} = a^2 \cdot a = (a \cdot a) \cdot a = a \cdot a \cdot a$
$a^4 = a^{3+1} = a^3 \cdot a = (a \cdot a \cdot a) \cdot a = a \cdot a \cdot a \cdot a$
$\vdots$

Exemplo 2.10

$2^5 = 2 \cdot 2 \cdot 2 \cdot 2 \cdot 2 = 32$

$\left(\dfrac{5}{2}\right)^2 = \dfrac{5}{2} \cdot \dfrac{5}{2} = \dfrac{25}{4}$

$(-3)^3 = (-3) \cdot (-3) \cdot (-3) = -27$

$(\sqrt{5})^4 = \sqrt{5} \cdot \sqrt{5} \cdot \sqrt{5} \cdot \sqrt{5} = 25$

E como podemos definir a potência de um número real *a* por um inteiro qualquer *k*? Suponhamos que $k \in \mathbb{Z} - \mathbb{N}$. Então, se $k \neq 0$, existe $k \in \mathbb{N}$ tal que $k = -n$. Assim, definimos $a^k = a^{-n} = \left(\dfrac{1}{a}\right)^n = \left(\dfrac{1}{a}\right)^{-k}$. Agora, se $k = 0$, definimos, para $a \neq 0$, $a^0 = 1$.

> **Preste atenção!**
> Não existe um número real que seja igual a 0^0. A expressão 0^0 é o que chamamos de *indeterminação matemática*.
>
> Dados $a \in \mathbb{R}$ e $k \in \mathbb{Z}$, definimos:
>
> $a^0 = 1$, para $a \neq 0$
>
> $a^1 = a$
>
> $a^{k+1} = a^k \cdot a$, se $k > 1$
>
> $a^k = \left(\dfrac{1}{a}\right)^{-k}$, se $k < 0$

Exemplo 2.11

$$2^{-5} = \left(\frac{1}{2}\right)^5 = \frac{1}{2} \cdot \frac{1}{2} \cdot \frac{1}{2} \cdot \frac{1}{2} \cdot \frac{1}{2} = \frac{1}{32}$$

$$(3{,}17)^0 = 1$$

Podemos demonstrar as propriedades da potenciação usando a indução matemática, que veremos na próxima seção. Por ora, essas propriedades serão colocadas aqui como definição, mas demonstraremos uma delas adiante.

Dados $a, b \in \mathbb{R}$ e $m, n \in \mathbb{Z}$, definimos:

$a^m \cdot a^n = a^{m+n}$

$\dfrac{a^m}{a^n} = a^{m-n}$, $a \neq 0$

$\left(\dfrac{a}{b}\right)^n = \dfrac{a^n}{b^n}$, $b \neq 0$

$(a \cdot b)^n = a^n \cdot b^n$

$(a^m)^n = a^{m \cdot n}$

$a^{\frac{m}{n}} = \sqrt[n]{a^m}$, $n \neq 0$

Exemplo 2.12

Como já mencionamos anteriormente, precisamos da indução matemática para demonstrar que essas propriedades são válidas para todo $m, n \in \mathbb{Z}$. Mas podemos verificar que as igualdades são válidas para casos particulares, por exemplo:

$a^2 \cdot a^3 = (a \cdot a) \cdot (a \cdot a \cdot a) = a \cdot a \cdot a \cdot a \cdot a = a^5 = a^{2+3}$

$(a \cdot b)^4 = (a \cdot b) \cdot (a \cdot b) \cdot (a \cdot b) \cdot (a \cdot b) = (a \cdot a \cdot a \cdot a) \cdot (b \cdot b \cdot b \cdot b) = a^4 \cdot b^4$

2.3 Indução matemática

É muito comum, na matemática, desejarmos mostrar que certa propriedade é válida para todos os números naturais. Observe, por exemplo, as igualdades a seguir:

$$1 = \frac{(1+1) \cdot 1}{2}$$

$$1 + 2 = 3 = \frac{(2+1) \cdot 2}{2}$$

$$1 + 2 + 3 = 6 = \frac{(3+1) \cdot 3}{2}$$

$$1 + 2 + 3 + 4 = 10 = \frac{(4+1) \cdot 4}{2}$$

$$1 + 2 + 3 + 4 + 5 = 15 = \frac{(5+1) \cdot 5}{2}$$

Agora, se somarmos os seis primeiros números naturais, o resultado será o mesmo que $\frac{(6+1) \cdot 6}{2}$? Nesse caso, podemos verificar:

$$1 + 2 + 3 + 4 + 5 + 6 = 21$$

$$\frac{(6+1) \cdot 6}{2} = 21$$

Logo, a resposta é **sim**, ou seja, $1 + 2 + 3 + 4 + 5 + 6 = \frac{(6+1) \cdot 6}{2}$.

Podemos continuar verificando que valerá para 7, 8, 9 e assim por diante. Mas o que significa "assim por diante"? Estamos querendo dizer que a propriedade será válida para todos os números naturais, isto é:

$$1 + 2 + 3 + \ldots + n = \frac{(n+1) \cdot n}{2}, \quad \forall \, n \in \mathbb{N}.$$

Porém, o que fizemos anteriormente mostra que essa propriedade é válida para alguns valores específicos (mostramos para 1, 2, 3, 4, 5 e 6). Para mostrar que realmente é válida para **todos** os números naturais, utilizamos o **princípio da indução finita**:

> Seja $\mathcal{P}$ uma propriedade relativa aos números naturais. Suponhamos que:
>
> - 1 goza da propriedade $\mathcal{P}$;
> - Se k goza da propriedade $\mathcal{P}$, então, $k+1$ goza da propriedade $\mathcal{P}$.
>
> Então, a propriedade $\mathcal{P}$ é válida para todos os números naturais.

Exercícios resolvidos

1) Mostre, utilizando o princípio da indução finita, que a igualdade $1 + 2 + \ldots + n = \dfrac{(n+1) \cdot n}{2}$ é válida para todo $n \in \mathbb{N}$.

Solução:

Primeiro, precisamos mostrar que a igualdade é válida para $n = 1$:

$$\dfrac{(1+1) \cdot 1}{2} = \dfrac{2}{2} = 1$$

Depois, suponhamos que a igualdade é válida para k, isto é:

$$1 + 2 + \ldots + k = \dfrac{(k+1) \cdot k}{2}$$

Mas precisamos mostrar que a igualdade é válida para $k + 1$. Então, temos que:

$$1 + 2 + \ldots + k + (k+1) =$$

$$\dfrac{(k+1) \cdot k}{2} + (k+1) =$$

$$\dfrac{(k+1) \cdot k + 2 \cdot (k+1)}{2} =$$

$$\dfrac{(k+2) \cdot (k+1)}{2} =$$

$$\dfrac{\big((k+1)+1\big) \cdot (k+1)}{2}$$

Logo, a igualdade é válida para $k + 1$, isto é:

$$1 + 2 + \ldots + (k+1) = \dfrac{\big((k+1)+1\big) \cdot (k+1)}{2}$$

Portanto, pelo princípio da indução finita, a igualdade é válida para todo $n \in \mathbb{N}$.

2) Mostre que $2^n < n!$ para todo número natural $n \geq 4$.

O princípio da indução finita pode ser usado para mostrar que uma propriedade é válida para todo número natural a partir de certo número. Para isso, sabemos que basta mostrarmos que a propriedade é válida para esse número e mostrarmos a segunda condição da indução, em que k deve ser considerado maior que esse número inicial.

Solução:

Primeiro, vamos mostrar que a desigualdade é válida para n = 4:
$2^4 = 2 \cdot 2 \cdot 2 \cdot 2 = 16$
$4! = 4 \cdot 3 \cdot 2 \cdot 1 = 24$
Logo, $2^4 < 4!$
Depois, suponhamos que $2^k < k!$, onde $k \geq 4$. Temos que:
$2^{k+1} = 2^k \cdot 2 < (k!) \cdot 2$
Como $k \geq 4$, temos que:
$2 < 4 \leq k < (k+1)$
Logo,
$2^{k+1} < (k!) \cdot 2 < (k!) \cdot (k+1) = (k+1)!$
Ou seja, a propriedade é válida para k + 1.
Portanto, pelo Princípio da indução finita, $2^n < n!$ para todo número natural $n \geq 4$.

3) Usando o Princípio de indução finita, vamos mostrar a seguinte regra de potenciação: $a^m \cdot a^n = a^{m+n}$ para todo $a \in \mathbb{R}$ e $m, n \in \mathbb{N}$.

Solução:

Para mostrarmos essa propriedade, consideraremos *m* fixo e faremos indução sobre *n*:
- Para n = 1, temos: $a^m \cdot a^1 = a^m \cdot a = a^{m+1}$. A última igualdade segue da definição de potências.
- Suponhamos que $a^m \cdot a^k = a^{m+k}$. Vamos mostrar que é válido para (k + 1):
$a^m \cdot a^{k+1} = a^m \cdot (a^k \cdot a) = (a^m \cdot a^k) \cdot a = (a^{m+k}) \cdot a = a^{(m+k)+1} = a^{m+(k+1)}$
A primeira e a quarta igualdade seguem da definição e a terceira da hipótese de indução.
Portanto, pelo Princípio da indução finita, $a^m \cdot a^n = a^{m+n}$, para todo $m, n \in \mathbb{N}$ e $a \in \mathbb{R}$.

2.4 Máximo divisor comum

O máximo divisor comum entre dois números inteiros é definido como sendo o maior número, também inteiro, que os divide. Assim, trataremos primeiramente do conceito de divisibilidade no conjunto dos números inteiros para podermos, em seguida, trabalhar com o conceito de máximo divisor comum.

2.4.1 Divisibilidade em $\mathbb{Z}$

Considerando o conjunto dos números inteiros e a operação de multiplicação nele definida, podemos falar em *divisibilidade*, mas não precisamos definir a operação divisão, pois, aqui, nos basta saber se um número é divisível por outro ou não, por exemplo, o número 6 é divisível por 2, enquanto 7 não é. Mas o que faz com que 6 seja divisível por 2? Bom, temos que $6 = 2 \cdot 3$, enquanto que $7 \neq 2 \cdot k$ para qualquer $k \in \mathbb{Z}$. A existência desse inteiro k é que determina se um número é divisível por outro ou não, de modo que adotamos a seguinte definição:

Dados dois inteiros a e b, dizemos que a divide b ou que b é divisível por a se existe um inteiro k tal que $b = a \cdot k$. Neste caso, usamos a notação $a|b$. Caso contrário, dizemos que a não divide b ou que b não é divisível por a e denotamos $a \nmid b$.

$a|b \Leftrightarrow \exists\, k \in \mathbb{Z}$, tal que $b = a \cdot k$

Exemplo 2.13
- (-8) é divisível por 4, pois $-8 = 4 \cdot (-2)$.
- 3 divide 33, pois $33 = 3 \cdot 11$.
- (-7) divide 14, pois $14 = (-7) \cdot (-2)$.
- 29 não é divisível por 3, pois não existe um número inteiro k tal que $29 = 3 \cdot k$.

Exemplo 2.14
Todo número inteiro divide zero, e o único inteiro que zero divide é ele próprio.

De fato, temos que $0 = 0 \cdot a$ para todo $a \in \mathbb{Z}$, logo, $a \mid 0$, $\forall\, a \in \mathbb{Z}$. Por outro lado, se zero divide um inteiro b, então temos que $b = 0 \cdot k$ para algum $k \in \mathbb{Z}$. Mas $0 \cdot k = 0$, logo, $b = 0$. Portanto, o único inteiro que zero divide é zero.

Exemplo 2.15
- $a|a$, $\forall\, a \in \mathbb{Z}$: com efeito, para todo inteiro a, temos que $a = a \cdot 1$.
- Se $a|b$, então, $a|(-b)$: já que $a|b$, existe $k \in \mathbb{Z}$ tal que $b = a \cdot k$. Assim, $-b = -(a \cdot k) = a \cdot (-k)$ (prove a segunda igualdade!). Logo, $a|(-b)$.
- Se $a|b$ e $b|c$, então, $a|c$: de fato, temos que $b = a \cdot k_1$ e $c = b \cdot k_2$, onde $k_1, k_2 \in \mathbb{Z}$. Assim, $c = (a \cdot k_1) \cdot k_2 = a \cdot (k_1 \cdot k_2)$. Como $k_1 \cdot k_2 \in \mathbb{Z}$, temos que $a|c$.
- Se $a|b$, então $a|(b \cdot q)$ para todo $q \in \mathbb{Z}$: desde que $a|b$ segue que existe $k \in \mathbb{Z}$ tal que $b = a \cdot k$. Assim, $b \cdot q = (a \cdot k) \cdot q = a \cdot (k \cdot q)$. Como $k \cdot q \in \mathbb{Z}$, temos que $a|(b \cdot q)$.
- Se $a|b$ e $a|c$, então $a|(b + c)$: como $a|b$ e $a|c$, existem $k_1, k_2 \in \mathbb{Z}$ tal que $b = a \cdot k_1$ e $c = a \cdot k_2$. Assim $b + c = a \cdot k_1 + a \cdot k_2 = a \cdot (k_1 + k_2)$ e, como $k_1 + k_2 \in \mathbb{Z}$, segue que $a|(b + c)$.

2.4.2 Máximo divisor comum (mdc)
Imagine que você deseja quadricular uma cartolina de dimensões 42 cm × 24 cm, de modo que não precise recortá-la e os quadrados sejam de maior tamanho possível. Você consegue dizer quais as dimensões dos quadrados? Poderíamos fazer quadrados de comprimento 2 cm, pois 42 e 24 são divisíveis por dois, logo, não precisaria cortar o papel. Mas, poderíamos também fazer quadrados de 3 cm.

Figura 2.2 – O problema de quadricular

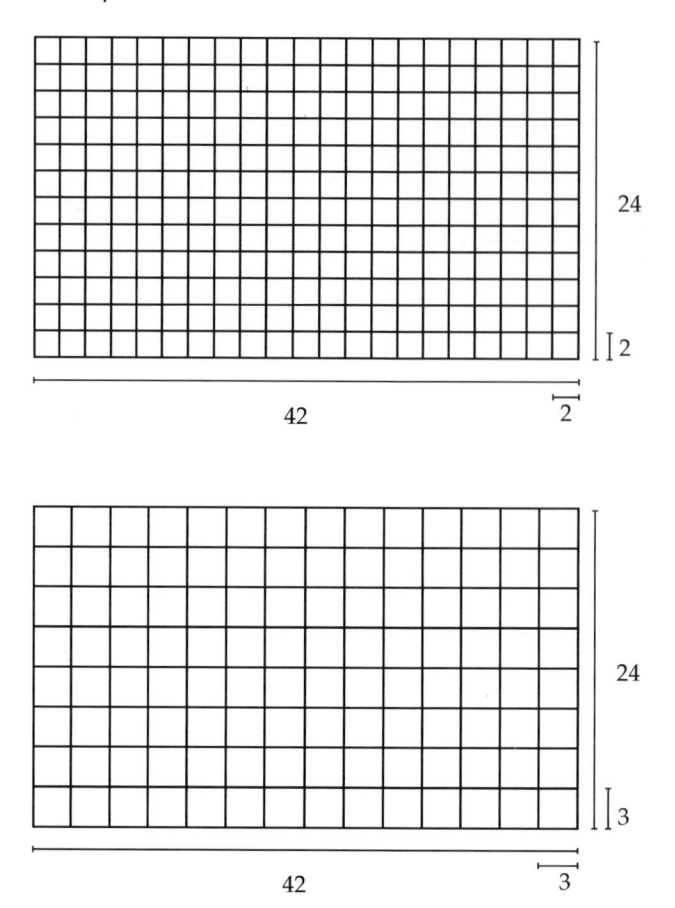

Os quadrados não poderiam ter 4 cm, pois, apesar de 24 ser divisível por 4, 42 não é. Teríamos que fazer 10 quadrados de 4 cm e sobrariam 2 cm na borda, mas não queremos recortar a cartolina. O mesmo vale para 5 cm, pois os números 24 e 42 não são divisíveis por 5. Para resolver esse problema, precisamos encontrar o maior número que divide 42 e 24 simultaneamente. Para isso, vamos ver quais são os divisores desses números:

- Divisores de 42 = {±1, ±2, ±3, ±6, ±7, ±14, ±21, ±42}.
- Divisores de 24 = {±1, ±2, ±3, ±4, ±6, ±8, ±12, ±24}.

O maior número que divide 42 e 24 simultaneamente é 6, portanto, os quadrados devem ter 6 cm.

Figura 2.3 – Cartolina quadriculada

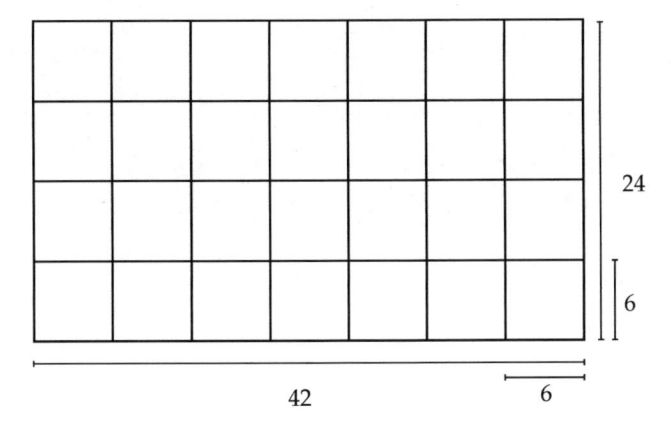

O que fizermos para resolver esse problema foi encontrar o máximo divisor comum (mdc) entre 42 e 24. Neste caso, 6 = mdc(42, 24). Veja a definição a seguir.

Dizemos que um número natural d é o mdc dos números inteiros a e b se as seguintes condições são satisfeitas:

- d divide a e d divide b;
- Se k divide a e k divide b, então, k divide d.

Nesse caso, denotamos: d = mdc(a, b). Em símbolos:

$$d = mdc(a, b) \Leftrightarrow \begin{cases} d \mid a \text{ e } d \mid b \\ k \mid a \text{ e } k \mid b \Rightarrow k \mid d \end{cases}$$

Exemplo 2.16

- mdc(12, 18) = 6, pois:
  - divisores de 12 = {±1, ±2, ±3, ±4, ±6, ±12}.
  - divisores de 18 = {±1, ±2, ±3, ±6, ±9, ±18}.
  - 6 é o mdc de 12 e 18.
- mdc(36, 27) = 9, pois:
  - divisores de 36 = {±1, ±2, ±3, ±4, ±6, ±9, ±12, ±18, ±36}.
  - divisores de 27 = {±1, ±3, ±9, ±27}.
  - 9 é o mdc de 36 e 27.
- mdc(–4, 14) = 2, pois:
  - divisores de –4 = {±1, ±2, ±4}.
  - divisores de 14 = {±1, ±2, ±7, ±14}.
  - 2 é o mdc de –4 e 14.

Você reparou que o conjunto de divisores de um número sempre começa com ±1? Pode acontecer de esses serem os únicos divisores em comum entre dois números. Nesse caso, o mdc entre eles será 1, e sempre que isso acontece dizemos que esses números são *primos* entre si ou *relativamente primos*.

> a e b são primos entre si $\Leftrightarrow$ mdc$(a,b) = 1$

Exemplo 2.17
- 6 e 15 não são números primos entre si, pois:
    - divisores de 6 = {±1, ±2, ±3, ±6}.
    - divisores de 15 = {±1, ±3, ±5, ±15}.
    - mdc(6, 15) = 3.
- –10 e 33 são primos entre si, pois:
    - divisores de –10 = {±1, ±2, ±5, ±10}.
    - divisores de 33 = {±1, ±3, ±11, ±33}.
    - mdc(–10, 33) = 1.

Dizemos que uma fração $\frac{a}{b}$ é irredutível se mdc(a, b) = 1. Caso a fração não seja irredutível, podemos dividir a e b pelo mdc a fim de simplificá-la. Por exemplo, consideremos a fração $\frac{16}{24}$. Temos que mdc(16, 24) = 8. Assim, $\frac{16}{24} = \frac{16/8}{24/8} = \frac{2}{3}$. De fato, $\frac{16}{24} = \frac{2}{3}$, pois $16 \cdot 3 = 48 = 2 \cdot 24$. Além disso, $\frac{2}{3}$ é uma fração irredutível, pois mdc(2, 3) = 1.

Falaremos mais a respeito do mdc no capítulo seguinte, quando tratarmos das equações diofantinas, onde aplicaremos a chamada *identidade de Bézout*, em homenagem ao matemático francês Étienne Bézout (1730-1783). Porém, Bézout provou o análogo do resultado para polinômios. Foi Claude Gaspard Bachet de Méziriac (1581-1638), outro matemático francês, quem provou a identidade para números inteiros. Eis a **identidade de Bézout**:

> Sejam a, b ∈ $\mathbb{Z}$ e d = mdc(a, b). Então, existem r, s ∈ $\mathbb{Z}$ tais que $a \cdot r + b \cdot s = d$.

Exemplo 2.18
Sejam a = 6 e b = 27. Temos que:

Divisores de 6 = {±1, ±2, ±3, ±6}.

Divisores de 27 = {±1, ±3, ±9, ±27}.

Portanto, mdc(6, 27) = 3. Existem r = 23 e s = –5, tais que:

$3 = 6 \cdot 23 + 27 \cdot (-5)$

Observação: Os números r e s não são únicos. Podemos escolher, por exemplo $r = -31$ e $s = 7$ e teremos:

$$3 = 6 \cdot (-31) + 27 \cdot 7$$

Como encontrar os valores de r e s? Veremos isso nas equações diofantinas.

2.4.3 Algoritmo da divisão

Como já mencionamos no início deste capítulo, não estamos interessados em definir uma operação de divisão em $\mathbb{Z}$, isso porque, dados dois números inteiros, a divisão entre eles não é necessariamente um número inteiro. Mas você se lembra de como começou a aprender a dividir? Podíamos encontrar um problema da seguinte forma: Tenho 14 maçãs e quero dividi-las em 4 caixas. Quantas maçãs devo colocar em cada caixa? A resposta esperada era que deveria colocar 3 maçãs em cada caixa e sobrariam 2 maçãs. Isso nada mais é do que o algoritmo da divisão apresentado pela primeira vez por Euclides, no Livro VII da obra *Os Elementos*, em cerca de 300 a.C. (Carvalho; Gimenez, 2009). A operação que fizemos aqui significa que: $14 = 4 \cdot 3 + 2$.

Nesse exemplo, o número 14 é o dividendo, o 4 é o divisor, o 3 é o quociente e o número 2 é o resto. Observe que o resto 2 é estritamente menor do que o divisor 4, pois, se não fosse, poderíamos distribuir mais uma maçã em cada caixa. Considerando que o dividendo e o divisor podem ser números negativos, podemos enunciar o algoritmo de Euclides, ou **algoritmo da divisão**, da seguinte forma:

> Se a e b são números inteiros e $b \neq 0$, então existe um único par de inteiros q e r tal que $a = bq + r$ com $0 \leq r < |b|$.
>
> $$a, b \in \mathbb{Z}, b \neq 0 \Rightarrow \exists! \, q, r \in \mathbb{Z} : \begin{cases} a = bq + r, \\ 0 \leq r < |b| \end{cases}$$

O símbolo de existe ($\exists$) acompanhado do símbolo de exclamação (!) significa que os elementos q e r são os únicos a satisfazerem aquela propriedade. Se, nesse exemplo, tentarmos modificar os valores do quociente e do resto, o novo par de elementos não irá satisfazer o algoritmo de Euclides, por exemplo, se colocarmos $q = 4$, então, teremos $r = -2$. Veja: $14 = 4 \cdot 4 + (-2)$.

O par $(4, -2)$ não satisfaz o algoritmo porque o resto não pode ser negativo. Por outro lado, poderíamos escrever: $14 = 4 \cdot 2 + 6$.

Mas o par $(2, 6)$ também não satisfaz o algoritmo da divisão, pois o resto deveria ser menor do que o divisor em módulo, e 6 não é menor do que 4. Veja, a seguir, mais alguns exemplos do algoritmo da divisão.

Exemplo 2.19

Sejam a = 200 e b = 16. Precisamos encontrar o múltiplo de 16 que seja mais próximo de 200, porém menor do que 200. Temos:

$16 \cdot 11 = 176$
$16 \cdot 12 = 192$
$16 \cdot 13 = 208$

Então, o quociente deverá ser q = 12 e o resto r = 8:

$200 = 16 \cdot 12 + 8$

Exemplo 2.20

Sejam a = −65 e b = 7. Vamos encontrar o múltiplo de 7 mais próximo de −65, porém que seja menor do que −65:

$7 \cdot (-7) = -49$
$7 \cdot (-8) = -56$
$7 \cdot (-9) = -63$
$7 \cdot (-10) = -70$

O múltiplo de 7 que é mais próximo de −65 sendo menor do que −65 é −70. Assim:

$-65 = 7 \cdot (-10) + 5$

Exemplo 2.21

Sejam a = 110 e b = −8. Então:

$(-8) \cdot (-13) = 104$
$(-8) \cdot (-14) = 112$

Logo, q = −13 e r = 6:

$110 = (-8) \cdot (-13) + 6$

Observe que $6 < |-8|$.

Exemplo 2.22

Sejam a = −56 e b = −3. Temos que:

$(-3) \cdot 18 = -54$
$(-3) \cdot 19 = -57$

O múltiplo de –3 que é mais próximo de –56 e menor do que –56 é (–3) · 19 = –57. Assim:

$$-56 = (-3) \cdot 19 + 1$$

O que acontece quando o resto da divisão euclidiana é zero? Nesse caso, temos que a = b · q + 0, ou a = b · q, logo, b divide a, isto é, b | a.

O algoritmo da divisão pode ser utilizado para calcular o mdc entre dois números. O resultado que iremos enunciar e demonstrar agora diz que o mdc entre os inteiros *a* e *b* é o mesmo que entre os inteiros *b* e *r*, onde *r* é o resto da divisão euclidiana de *a* por *b*. Logo, o **algoritmo da divisão** e o **mdc**:

> Se a, b, q, r ∈ ℤ, b ≠ 0 e a = b · q + r, com 0 ≤ r < |b|, então mdc(a, b) = mdc(b, r)

De fato, suponhamos que a = b · q + r, com 0 ≤ r < |b| e d = mdc(a, b). Queremos mostrar que d = mdc(b, r).

- Primeiro, precisamos mostrar que d | b e d | r. Como d = mdc(a, b), temos que d | a e d | b. Mas, r = a – b · q = a + (–b) · q. Pelas propriedades do Exemplo 2.17, temos que d | a + (–b) · q, logo, d | r.
- Suponhamos que k | b e k | r, precisamos mostrar que k | d. Pelas propriedades do Exemplo 2.17, temos que k | b · q + r, logo, k | a. Como d = mdc(a, b) e k | a e k | b, segue que k | d.

Logo, d = mdc(b, r) e, portanto, mdc(a, b) = mdc(b, r).

Exemplo 2.23

Sejam a = 258 e b = 36. Temos que:

$$258 = 36 \cdot 7 + 6$$

Logo, mdc(258, 36) = mdc(36, 6) = 6, pois 6 | 36.

Exemplo 2.24

Sejam a = 1 234 e b = 168. Temos que:

$$1\,234 = 168 \cdot 7 + 58$$

Logo, mdc(1 234, 168) = mdc(168, 58). Mas:

$$168 = 58 \cdot 2 + 52$$

Assim, mdc(168, 58) = mdc(58, 52). Novamente, pelo algoritmo da divisão:

$$58 = 52 \cdot 1 + 6$$

Nesse caso, mdc(58, 52) = mdc(52, 6). Porém,

$$52 = 6 \cdot 8 + 4$$

Então, mdc(52, 6) = mdc(6, 4). Mais uma vez:

$$6 = 4 \cdot 1 + 2$$

Finalmente, mdc(6, 4) = mdc(4, 2) = 2, pois 2|4.
Portanto, mdc(1 234, 168) = 2.

Os exemplos que você viu até aqui envolvem apenas números positivos. Então, como utilizar esse método para encontrar o mdc quando pelo menos um dos números é negativo? Fazemos o **mdc dos opostos**:

$$\text{mdc}(a, b) = \text{mdc}(-a, b) = \text{mdc}(a, -b) = \text{mdc}(-a, -b)$$

Exemplo 2.25

Sejam a = –28 e b = 12. Temos que mdc(–28, 12) = mdc(28, 12) e 28 = 12 · 2 + 4. Assim, mdc (–28, 12) = mdc(28, 12) = mdc(12, 4) = 4, pois 4|12.

2.5 Relação de ordem

No Capítulo 1, vimos que qualquer subconjunto do produto cartesiano A × B é chamado de *relação binária dos conjuntos A e B*. Uma relação de ordem é uma relação que possui algumas propriedades, e veremos essa relação com detalhes no Capítulo 4, mas, por agora, vamos definir um caso particular: **a relação de ordem usual do conjunto dos números reais**.

Dizemos que um número real *a* é menor do que ou igual a um número real *b* se, e somente se, o número real b – a é não negativo. Nesse caso, denotamos a ≤ b ou b ≥ a (dizemos que *b* é maior do que ou igual a *a*).

$$a \leq b \Leftrightarrow b - a \in \mathbb{R}_+$$

Exemplo 2.26

$3 \leq 22$, pois $22 - 3 = 19 \in \mathbb{R}_+$
$2{,}5 \leq 5$, pois $5 - 2{,}5 = 2{,}5 \in \mathbb{R}_+$
$7 \leq 7$, pois $7 - 7 = 0 \in \mathbb{R}_+$
$-2 \leq 3$, pois $3 - (-2) = 5 \in \mathbb{R}_+$
$-15 \leq -10$, pois $-10 - (-15) = 5 \in \mathbb{R}_+$

E quanto às frações? Você sabe como compará-las? Usaremos primeiramente a definição, mas depois mostraremos algumas propriedades da relação de ordem, as quais tornarão essa comparação muito mais simples.

Exemplo 2.27

$$\frac{1}{3} \leq \frac{3}{2}, \text{ pois } \frac{3}{2} - \frac{1}{3} = \frac{3}{2} + \frac{(-1)}{3} = \frac{3 \cdot 3 + (-1) \cdot 2}{2 \cdot 3} = \frac{9 - 2}{6} = \frac{7}{6} \in \mathbb{R}_+$$

$$\frac{5}{6} \not\leq \frac{4}{5}, \text{ pois } \frac{4}{5} - \frac{5}{6} = \frac{4}{5} + \frac{(-5)}{6} = \frac{4 \cdot 6 + (-5) \cdot 5}{5 \cdot 6} = \frac{24 - 25}{30} = \frac{-1}{30} = -\frac{1}{30} \notin \mathbb{R}_+$$

Observação: O símbolo $\not\leq$ significa "não é menor do que ou igual".

Dizemos que um número real a é estritamente menor (ou apenas "menor") do que um número real b se, e somente se, o número real $b - a$ é positivo. Nesse caso denotamos a < b ou b > a.

$$a < b \Leftrightarrow b - a \in \mathbb{R}_+^*$$

Exemplo 2.28

- $2 < 3$, pois $3 - 2 = 1 \in \mathbb{R}_+^*$
- $4 \not< 4$, pois $4 - 4 = 0 \notin \mathbb{R}_+^*$

Em relação à linguagem, dizemos apenas **"menor ou igual a"**, em vez de "menor do que ou igual a". Diz-se apenas **"menor que"** em vez de "menor do que".

Ao longo do texto, usamos propriedades da relação de igualdade que não demonstramos. Elas são bastante intuitivas, no sentido de que, se dois objetos são iguais, então, ao alterar igualmente os dois objetos, obtém-se dois novos objetos iguais. Mais explicitamente falando, ao somarmos ou multiplicarmos um elemento em ambos os lados da igualdade, mantém-se a igualdade. E quanto à relação de ordem? Essa propriedade se mantém?

Exemplo 2.29

- Se $a \leq b$ e $c \in \mathbb{R}$, então, $a + c \leq b + c$.
  De fato, $b + c - (a + c) = b + c - a - c = b - a \in \mathbb{R}_+$, pois $a \leq b$.

Exemplo 2.30

- Se $a \leq b$ e $c \in \mathbb{R}_+$, então $a \cdot c \leq b \cdot c$.
  Com efeito, $b \cdot c - a \cdot c = (b - a) \cdot c \in \mathbb{R}_+$, pois $(b - a) \in \mathbb{R}_+$ e $c \in \mathbb{R}_+$.

- Se $a \leq b$ e $c \in \mathbb{R}_-$, então $b \cdot c \leq a \cdot c$ (ou $a \cdot c \geq b \cdot c$).
  Temos que $a \cdot c - b \cdot c = (a - b) \cdot c \in \mathbb{R}_+$. De fato, temos que $b - a \in \mathbb{R}_+$, logo, $-(b - a) = -b + a = (a - b) \in \mathbb{R}_-$. Como $c \in \mathbb{R}_-$, pela regra de sinais, temos que o produto $(a - b) \cdot c$ pertence a $\mathbb{R}_+$.

Preste atenção!
Regra de sinais

$a \in \mathbb{R}_+ \Rightarrow (-a) \in \mathbb{R}_-$
$a, b \in \mathbb{R}_+ \Rightarrow a \cdot b \in \mathbb{R}_+$
$a, b \in \mathbb{R}_- \Rightarrow a \cdot b \in \mathbb{R}_+$
$a \in \mathbb{R}_+$ e $b \in \mathbb{R}_- \Rightarrow a \cdot b \in \mathbb{R}_-$

Para a relação <, a regra da soma de um elemento em ambos os lados não se altera (prove!). Porém, para a multiplicação, devemos tomar cuidado com o zero. Veja que, se $a \leq b$ e $c = 0$, então, $a \cdot 0 \leq b \cdot 0$, isto é, $0 \leq 0$ (esta afirmação é verdadeira, certo?). Porém, se $a < b$ e $c = 0$, então, $a \cdot 0 \not< b \cdot 0$, pois $0 \not< 0$. Portanto, a propriedade nesse caso é: Se $a < b$ e $c \in \mathbb{R}_+^*$, então $a \cdot c < b \cdot c$. Analogamente, precisamos tirar o zero no caso de c ser não positivo: Se $a < b$ e $c \in \mathbb{R}_-^*$, então, $b \cdot c < a \cdot c$ (ou $a \cdot c > b \cdot c$).

2.6 Intervalos na reta

Há muito se considera a noção de *medir um segmento*. Sabemos que a medida é uma comparação entre duas grandezas de mesma espécie. Em particular, consideremos um segmento $\overline{OA}$ e uma reta onde marcamos um ponto que chamaremos de *origem* e denotaremos por O. Podemos relacionar cada número real com um ponto dessa reta, mas vamos começar com os números naturais. Esses números estarão relacionados com pontos que ficam a direita de O da seguinte maneira: o número 1 se relaciona com o ponto que é a extremidade do segmento que tem origem em O e tem a mesma medida de $\overline{OA}$. O número 2 se relaciona com a extremidade do segmento que tem origem em O e medida $2\overline{OA}$ e assim por diante, o número natural n se relaciona com o ponto que é a extremidade do segmento de origem em O e possui comprimento $n\overline{OA}$. Para os números inteiros, procedemos de maneira análoga, considerando o comprimento como o oposto do negativo correspondente e marcando-os à esquerda de O. O zero se relaciona com o próprio ponto O.

Figura 2.4 – Números inteiros na reta

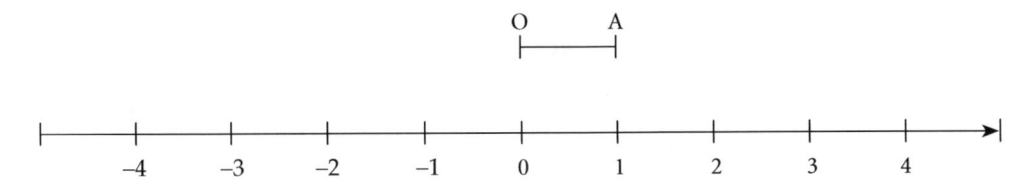

Para marcarmos os números racionais na reta, basta considerarmos frações do segmento dado. Por exemplo, o número $\frac{5}{2} = 2,5$ será relacionado com o ponto que é a extremidade do segmento com origem em O e que possui comprimento $\frac{5}{2}\overline{OA}$.

Figura 2.5 – Números racionais na reta

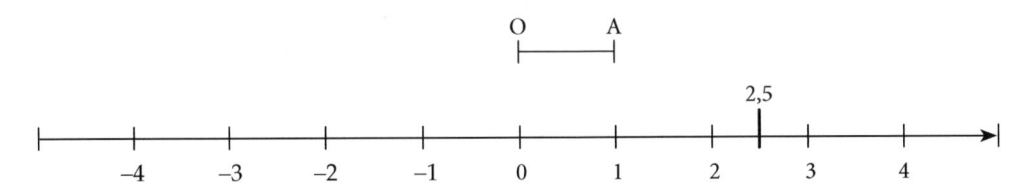

Os números irracionais também se relacionam com pontos dessa reta. Desde que a relação de ordem em $\mathbb{R}$ seja total, isto é, dados dois números reais a e b, temos que $a < b$, $a = b$ ou $a > b$, podemos comparar um número irracional com números racionais para descobrir sua localização. Por exemplo, $\sqrt{2} = 1,4142135623\ldots$, logo, $1,41 \leq \sqrt{2} \leq 1,42$. Mas, entre os pontos que se relacionam com os racionais 1,41 e 1,42, existem infinitos pontos. Podemos, então, aproximar melhor qual é o ponto que se relaciona com $\sqrt{2}$, por exemplo, $1,4142135623 \leq \sqrt{2} \leq 1,4142135624$. Os pontos de uma reta formam uma relação biunívoca com os números reais, ou seja, cada ponto da reta pode ser relacionado a um número real e vice-versa.

Além disso, em muitos momentos, estaremos interessados em marcar não somente um número na reta, mas um conjunto de números. Em particular, queremos marcar conjuntos que são intervalos do conjunto dos números reais.

Um intervalo I é um subconjunto de $\mathbb{R}$ que satisfaz a seguinte propriedade:

> Se $x, y \in I$ e $x \leq y$, então, para qualquer $z \in \mathbb{R}$ com $x \leq z \leq y$, tem-se $z \in I$.

Exemplo 2.31
Os seguintes subconjuntos são exemplos de intervalos:
- $A = \{x \in \mathbb{R} \mid 0 \leq x \leq 1\}$
- $B = \{x \in \mathbb{R} \mid x > -2\}$

- $C = \{x \in \mathbb{R} \mid x \leq 1/2\}$
- $D = \mathbb{R}_+$

Os seguintes subconjuntos não são intervalos:

- $E = \{1, 2\}$

   E não é um intervalo, pois $1 \in E$, $2 \in E$, $1 \leq 1{,}5 \leq 2$ e $1{,}5 \notin E$.

- $F = \mathbb{R}^*$

   F não é um intervalo, pois $-1 \in F$, $1 \in F$, $-1 \leq 0 \leq 1$ e $0 \notin F$.

Os intervalos recebem notações especiais à medida que suas extremidades pertencem ou não ao subconjunto. Por exemplo, o intervalo A do exemplo que vimos pode ser escrito como $A = [0, 1]$. O colchete no zero significa que o zero pertence ao conjunto, então dizemos que o intervalo é *fechado à esquerda*. Esse intervalo também é fechado à direita e, por isso, podemos dizer simplesmente que ele é *fechado*. Quando uma extremidade não pertence ao intervalo, usamos parêntese em vez de colchete e dizemos que o intervalo é *aberto nessa extremidade*. Veja as notações de **intervalos reais**:

$[a, b] = \{x \in \mathbb{R} \mid a \leq x \leq b\}$
$[a, b) = \{x \in \mathbb{R} \mid a \leq x < b\}$
$(a, b] = \{x \in \mathbb{R} \mid a < x \leq b\}$
$(a, b) = \{x \in \mathbb{R} \mid a < x < b\}$
$[a, \infty) = \{x \in \mathbb{R} \mid x \geq a\}$
$(a, \infty) = \{x \in \mathbb{R} \mid x > a\}$
$(-\infty, a] = \{x \in \mathbb{R} \mid x \leq a\}$
$(-\infty, a) = \{x \in \mathbb{R} \mid x < a\}$
$(-\infty, \infty) = \mathbb{R}$

Observe que os símbolos $-\infty$ e ∞ não são números reais, logo, não pertencem ao intervalo e, por isso, sempre usamos parênteses e nunca colchetes nessas extremidades.

No próximo capítulo, estaremos interessados em encontrar soluções de equações e inequações, que muitas vezes não são apenas um número, mas conjuntos de números e, dentro deles, os intervalos aparecem com bastante frequência. Quando há a necessidade de operar com esses intervalos, uma representação gráfica facilita a visualização. Veja nos exemplos como representamos um intervalo na reta real.

Exemplo 2.32

Para representar o intervalo fechado $\left[-\dfrac{1}{2}, 1\right]$ na reta real, marcamos as extremidades com um círculo preenchido e hachuramos todo o segmento entre as extremidades, como na Figura 2.6.

Figura 2.6 -2 Intervalo fechado

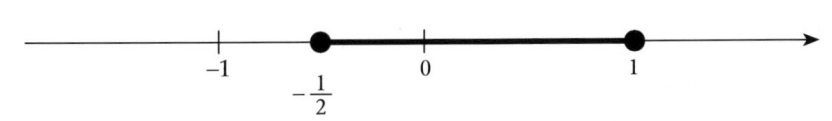

Exemplo 2.33

Se o intervalo a ser representado tiver alguma extremidade aberta, basta não preencher o círculo daquela extremidade. Vamos representar, por exemplo, o intervalo aberto $\left(\sqrt{2}, 4\right)$, na Figura 2.7.

Figura 2.7 – Intervalo aberto

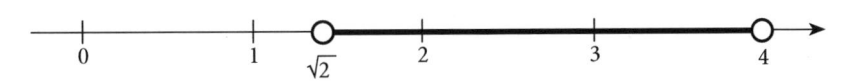

Exemplo 2.34

Para representar graficamente um intervalo cuja extremidade tende ao infinito (ou menos infinito), basta hachurar a reta até onde ela for representada, sem colocar círculo. Por exemplo, o intervalo [–2, ∞) é representado pela reta que você pode ver na Figura 2.8.

Figura 2.8 – Intervalo ilimitado

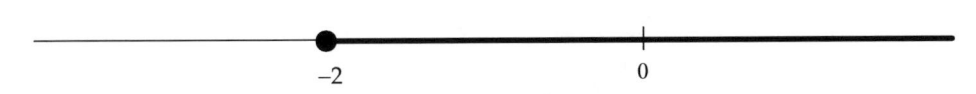

Assim, para representar graficamente todo o conjunto dos números reais, basta hachurar todo o segmento de reta.

2.7 Módulo ou valor absoluto

O valor absoluto ou módulo de um número real é definido por:

$$|a| = \begin{cases} a, & \text{se } a \geq 0 \\ -a, & \text{se } a < 0 \end{cases}$$

Exemplo 2.35

$|3| = 3$, pois $3 \geq 0$

$|-3| = -(-3) = 3$, pois $-3 < 0$

$|\pi| = \pi$, pois $\pi \geq 0$

$$|-\sqrt{2}| = -(-\sqrt{2}) = \sqrt{2}, \text{ pois } -\sqrt{2} < 0$$

O módulo de um número pode ser visto como a distância do ponto que ele representa na reta real até a origem. Além disso, o módulo da diferença de dois números reais a e b representa a distância entre eles.

Exemplo 2.36

Sejam $a = 7$ e $b = 3$. Então, $|7 - 3| = |4| = 4$.

Figura 2.9 – Distância $|7 - 3|$

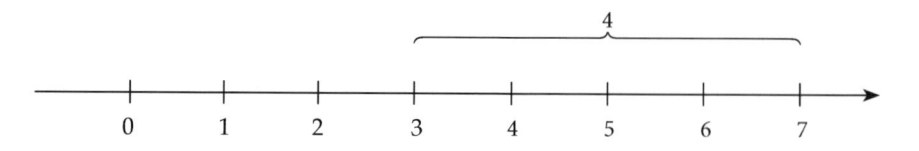

Exemplo 2.37

Sejam $a = -3$ e $b = 2$. Então, $|-3 - 2| = |-5| = -(-5) = 5$.

Figura 2.10 – Distância $|-3 - 2|$

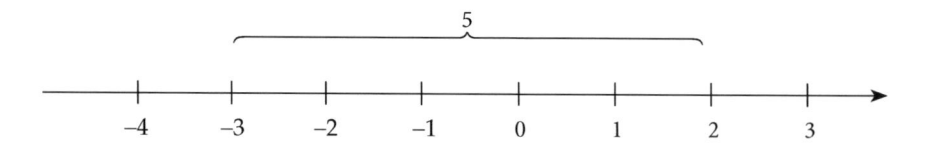

Os módulos aparecerão nas equações e inequações do próximo capítulo e também no Capítulo 6, no qual trataremos das funções modulares. Vamos, então, enunciar e demonstrar algumas propriedades dos valores absolutos que usaremos adiante, as **propriedades do módulo**. Para todo a, $b \in \mathbb{R}$, tem-se:

1. $|a| \geq 0$
2. $|a| = 0 \Leftrightarrow a = 0$
3. $|a| = |-a|$
4. $-|a| \leq a \leq |a|$
5. $|a \cdot b| = |a| \cdot |b|$
6. $|a + b| \leq |a| + |b|$ (desigualdade triangular)
7. $||a| - |b|| \leq |a - b|$

Mostraremos aqui, especificamente, as propriedades 4 e 6.

Propriedade 4

I. Suponhamos que $a \geq 0$. Então, $|a| = a$ e, portanto, $a \leq |a|$. Multiplicando por (-1), obtemos: $-a \geq -|a|$. Assim temos que, $-|a| \leq -a \leq 0 \leq a \leq |a|$. Logo, $-|a| \leq a \leq |a|$.

II. Suponhamos que $a < 0$. Então, $|a| = -a$. Assim, $-|a| = a \leq 0 \leq |a|$. Logo, $-|a| \leq a \leq |a|$.

Propriedade 6

I. Se $(a + b) < 0$, então, $|a + b| = -(a + b) = (-a) + (-b) \leq |-a| + |-b| = |a| + |b|$.

II. Se $(a + b) \geq 0$, então, $|a + b| = a + b \leq |a| + |b|$.

Na geometria, a desigualdade triangular afirma que o comprimento de qualquer lado de um triângulo é menor do que a soma dos comprimentos dos outros dois lados.

Figura 2.11 – Desigualdade triangular

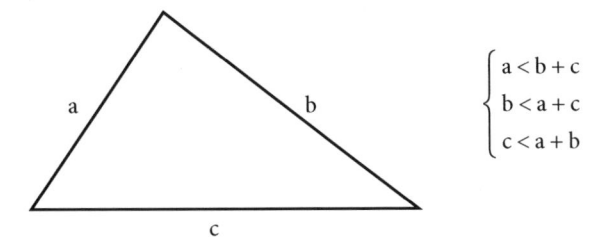

$$\begin{cases} a < b + c \\ b < a + c \\ c < a + b \end{cases}$$

> **Preste atenção!**
> Em geral, $|a + b| \neq |a| + |b|$. Por exemplo, se $a = 5$ e $b = -2$, temos que $|a + b| = |5 + (-2)| = |3| = 3$. Por outro lado, $|5| + |-2| = 5 + (-(-2)) = 5 + 2 = 7$.

Perceba que a igualdade será válida se *a* e *b* tiverem o mesmo sinal ou se pelo menos um deles for igual a zero.

> **Síntese**
> Neste capítulo, estudamos diversas propriedades dos conjuntos numéricos, definindo as operações de adição e multiplicação com base em certas propriedades, como: associatividade, comutatividade, existência do elemento neutro, cancelamento da adição etc. Com as frações, operamos da seguinte forma:

$$\begin{cases} \dfrac{a}{b} + \dfrac{m}{n} = \dfrac{a \cdot n + b \cdot m}{b \cdot n} \\[2ex] \dfrac{a}{b} \cdot \dfrac{m}{n} = \dfrac{a \cdot m}{b \cdot n} \end{cases}$$

Dentre as propriedades da relação de ordem estudadas, vimos que a multiplicação em ambos os lados da desigualdade modifica a desigualdade de acordo com o sinal do multiplicador:

$$a \leq b \Rightarrow \begin{cases} a \cdot c \leq b \cdot c, & \text{se } c \in \mathbb{R}_+ \\ a \cdot c \geq b \cdot c, & \text{se } c \in \mathbb{R}_- \end{cases}$$

Lembre-se que quando a relação é estrita <, não podemos fazer a multiplicação por zero, pois, nesse caso, teremos uma igualdade: $a \cdot 0 = b \cdot 0$, não mantendo a relação de ordem estrita.

Atividades de autoavaliação

1) Analise as afirmações a seguir e assinale-as como verdadeiras (V) ou falsas (F).

( ) $-1 \in \mathbb{N}$

( ) $\dfrac{1}{2} \in \mathbb{Q}$

( ) $-5{,}75 \in \mathbb{I}$

( ) $\sqrt{5} \in \mathbb{I}$

( ) $0{,}\overline{5} \in \mathbb{Q}$

Agora, marque a alternativa que corresponde à sequência correta:
- **a.** F, V, V, V, F.
- **b.** V, V, F, V, V.
- **c.** F, V, F, V, V.
- **d.** F, V, F, F, V.
- **e.** V, V, F, F, V.

2) Relacione cada propriedade das operações à sua denominação correta.

1. Associatividade da multiplicação.

2. Existência do elemento neutro da adição.

3. Lei de cancelamento da multiplicação.

4. Distributividade.

5. Comutatividade da adição.

( ) $c \neq 0$ e $a \cdot c = b \cdot c \Rightarrow a = b$

( ) $a \cdot (b + c) = a \cdot b + a \cdot c, \forall\ a, b, c$

( ) $a \cdot (b \cdot c) = (a \cdot b) \cdot c, \forall\ a, b, c$

( ) $a + b = b + a, \forall\ a, b$

( ) $\exists\ 0; a + 0 = a, \forall\ a$

Agora, marque a alternativa que corresponde à sequência correta:

a. 1, 3, 4, 5, 2.

b. 3, 1, 5, 4, 2.

c. 1, 4, 3, 2, 5.

d. 3, 4, 2, 5, 1.

e. 3, 4, 1, 5, 2.

3) Sem fazer uso de calculadoras, assinale a alternativa que contém a fração equivalente à dízima periódica $0,\overline{81}$:

a. $\dfrac{81}{100}$

b. $\dfrac{81}{99}$

c. $\dfrac{100}{81}$

d. $\dfrac{81}{900}$

e. $\dfrac{81}{990}$

4) Observe a figura a seguir e assinale a alternativa que corresponde ao intervalo representado na reta:

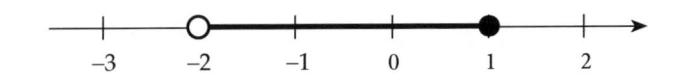

a. $[-2, 1]$.

b. $\{x \in \mathbb{R} \mid -2 < x < 1\}$.

c. $\{x \in \mathbb{R} \mid -2 \leq x < 1\}$.

d. $(-2, 1)$.

e. $(-2, 1]$.

5) Qual o valor da expressão $|-4 - (2 \cdot 3 - 5)|$?
  a. 5.
  b. 3.
  c. 2.
  d. –3.
  e. 15.

Atividades de aprendizagem

1) Para cada dízima periódica encontre a fração correspondente:
  a. 0,3333...
  b. $0,\overline{17}$
  c. 0,1252525...
  d. $0,031\overline{5}$

2) Em relação às operações dos números reais, prove que:
  a. Se $a + a = a$, então, $a = 0$
  b. $a = -(-a)$, $\forall\, a$
  c. $a \cdot a + b \cdot b = 0 \Leftrightarrow a = b = 0$

3) Utilize o Princípio da indução finita para mostrar as propriedades verdadeiras e dê um contraexemplo para as propriedades que não são verdadeiras:
  a. $1 + a + a^2 + a^3 + \ldots + a^n = \dfrac{a^{n+1} - 1}{a - 1}$, para todo $n \in \mathbb{N}$, $a \neq 1$.
  b. $n^2 < 3 \cdot (2n + 1)$, para todo $n \in \mathbb{N}$.
  c. $\dfrac{1}{1 \cdot 2} + \dfrac{1}{2 \cdot 3} + \dfrac{1}{3 \cdot 4} + \ldots + \dfrac{1}{n \cdot (n + 1)} = \dfrac{n}{n + 1}$, para todo $n \in \mathbb{N}$.

4) A respeito da divisibilidade dos números inteiros, prove as seguintes afirmações:
  a. Se $a, b, c \in \mathbb{Z}$ e $a | b$, então, $a \cdot c | b \cdot c$
  b. Se $a, b, c \in \mathbb{Z}$, $a \cdot b | a \cdot c$ e $a \neq 0$, então, $b | c$
  c. Se $a, b \in \mathbb{Z}$, $a | b$ e $b | a$, então, $|a| = |b|$

5) Considerando a relação de ordem definida no conjunto dos números reais, mostre que são verdadeiras as proposições a seguir:
  a. $|a| < b \Leftrightarrow -b < a < b$, $\forall\, b > 0$
  b. $|a| > b \Leftrightarrow a < -b$ ou $a > b$, $\forall\, b > 0$

Neste capítulo, discutiremos dois tipos de equações e inequações: as lineares ou *de primeiro grau* e as quadráticas ou *de segundo grau*, relacionando-as a problemas do cotidiano e estudando técnicas de solução. Além disso, analisaremos as equações diofantinas, que consideram apenas o conjunto dos números inteiros, e, para finalizar, veremos dois métodos para solucionar sistemas de equações lineares.

3 Equações e inequações

3.1 Expressões algébricas

Utilizamos expressões algébricas em diversos momentos do nosso dia. Você quer ver? Imagine que você foi até a papelaria para comprar dois lápis e uma borracha, ou seja:

$2 \cdot$ lápis $+ 1 \cdot$ borracha

Desde que ainda não se saiba o preço desses itens, podemos considerá-los como sendo variáveis. Suponha agora que, na papelaria A, o lápis custe R$ 1,00 e a borracha R$ 4,50. Para saber quanto vamos gastar, fazemos o seguinte cálculo:

$2 \cdot 1,00 + 1 \cdot 4,50$

Essa é uma expressão numérica, pois não possui variáveis. Mas, voltando às expressões algébricas, suponha que você deseja realizar uma pesquisa de preços para saber em qual papelaria obterá um melhor preço. O cálculo que você vai fazer é:

$2 \cdot$ preço do lápis $+ 1 \cdot$ preço da borracha

Essa é uma expressão algébrica, pois os preços variam de acordo com a papelaria, ou seja, essa expressão envolve números, operações e variáveis. Para ficar da forma em que conhecemos como sendo uma expressão algébrica, podemos denotar o preço do lápis de x e o preço da borracha de y. Assim, temos a expressão algébrica:

$2 \cdot x + 1 \cdot y$

> **Preste atenção!**
> Não faz muito tempo que se passou a usar letras para representar números e relações. Foi a partir do século XVI, com o matemático francês François Viéte, que se desenvolveu o cálculo algébrico.

Algumas expressões algébricas podem ser classificadas de acordo com o número de termos que ela possui. Um termo algébrico é uma multiplicação envolvendo números e/ou variáveis. Lembre-se que as potências, cujo expoente é um número natural, são produtos da base por ele mesmo. Assim, as seguintes expressões são termos algébricos:

$2x$

$\dfrac{1}{2} \cdot \dfrac{1}{2} \cdot \dfrac{1}{2}$

$7x^2 y$

t^5

$-3ab$

A parte numérica de um termo é chamada de *coeficiente*, enquanto a parte que contém as variáveis é chamada de *parte literal*.

Dizemos que dois termos são semelhantes quando eles têm a mesma parte literal, por exemplo, os termos $2a^2 b$ e $-3a^2 b$ são semelhantes. Veja que os termos precisam ter as mesmas variáveis e cada variável precisa ter a mesma potência. O único elemento que pode ser diferente é o coeficiente.

Os termos algébricos são também chamados de *monômios*. Agora, uma expressão algébrica que possui dois termos unidos por uma operação de adição ou subtração é chamada de *binômio*:

$a + b$

$3x^2 - 2$

$t - t^3$

Caso a expressão possua três termos, denominamos *trinômio*. Em geral, qualquer expressão formada por termos algébricos unidos por operações de adição e/ou subtração é chamada *polinômio*.

Você saberia dar um exemplo de uma expressão que não é um polinômio? Veja:

$\sqrt{x} + 2$

$\dfrac{2 + b^2}{b}$

Uma expressão que contém o radical de uma incógnita não é um polinômio, tampouco o é uma expressão algébrica que contém variáveis no denominador.

3.2 Equações

Uma equação é uma igualdade envolvendo uma ou mais expressões algébricas. Podemos igualar, por exemplo, a expressão algébrica $2 \cdot x + 1 \cdot y$ com um número, uma expressão numérica ou com outra expressão algébrica:

$$2 \cdot x + 1 \cdot y = 3$$
$$2 \cdot x + 1 \cdot y = 2 + 5 \cdot 3$$
$$2 \cdot x + 1 \cdot y = 4 \cdot x + 1$$

Para cada equação algébrica podemos relacionar uma pergunta: Qual o valor de x? Quais os valores de x e y? Para responder a essas perguntas, precisamos resolver a equação, isto é, precisamos encontrar valores para as incógnitas que tornem a igualdade verdadeira. Chamamos de *conjunto solução da equação* o conjunto de todos os valores que a tornam verdadeira, e ele será um subconjunto do conjunto dos números reais se a equação tiver apenas uma incógnita. Por exemplo, a equação $2 \cdot x + 1 = 5$ possui uma única solução, a saber, $x = 2$. Veja que, se $x = 2$, então, $2 \cdot 2 + 1 = 5$, mas para todo $x \neq 2$, temos que $2 \cdot x + 1 \neq 5$. Portanto, o conjunto solução dessa equação é $S = \{2\}$.

Agora, se a equação tiver, por exemplo, duas incógnitas, então, o conjunto solução será um subconjunto do produto cartesiano $\mathbb{R} \times \mathbb{R}$. Veja que a equação, $2 \cdot x + 1 \cdot y = 3$ tem infinitas soluções. Para cada valor que atribuirmos a x, encontramos um valor para y que torna a igualdade verdadeira. Observe algumas soluções:

$$x = 0 \text{ e } y = 3$$
$$x = 1 \text{ e } y = 1$$
$$x = \frac{1}{2} \text{ e } y = 2$$

Para representar o conjunto solução dessa equação, podemos "isolar" o y em função de x, ou vice-versa. Mas como isolar uma variável?

Imagine uma balança de dois pratos. No prato da esquerda, há um saco com 2 quilos de areia; no prato da direita, um saco com 2 quilos de arroz. A balança está, portanto, equilibrada. Se eu retirar 100 gramas do saco de areia, a balança perderá o equilíbrio, penderá para o lado que contém o saco de arroz e não teremos mais uma igualdade de pesos, certo? Da mesma forma, devemos imaginar a igualdade que envolve duas expressões. Tudo que for feito do lado esquerdo deverá ser feito também do lado direito para que se mantenha a igualdade. Por exemplo, se queremos isolar o x da equação $2 \cdot x + 8 = 13$, precisamos, primeiramente, "tirar" o 8 que está do lado esquerdo. Para isso, somamos, em ambos os lados da igualdade, o inverso aditivo de 8. Observe:

$2 \cdot x + 8 = 13$
$(2 \cdot x + 8) + (-8) = 13 + (-8)$
$2 \cdot x + (8 + (-8)) = 5$
$2 \cdot x + 0 = 5$
$2 \cdot x = 5$

Dizemos que a equação $2 \cdot x + 8 = 13$ é equivalente à equação $2 \cdot x = 5$, pois o conjunto solução dessas duas equações é igual. Mas qual é mesmo o conjunto solução delas? Bom, vamos continuar coma a tentativa de isolar o x da equação. Para isso, vamos multiplicar os dois lados da equação por $\frac{1}{2}$:

$2 \cdot x = 5$
$(2 \cdot x) \cdot \frac{1}{2} = 5 \cdot \frac{1}{2}$
$\left(2 \cdot \frac{1}{2}\right) \cdot x = \frac{5}{2}$
$1 \cdot x = \frac{5}{2}$
$x = \frac{5}{2}$

As equações $2 \cdot x + 8$, $2 \cdot x = 5$ e $x = \frac{5}{2}$ são equivalentes e o conjunto solução delas é: $S = \left\{\frac{5}{2}\right\}$.

Voltemos agora à equação $2 \cdot x + 1 \cdot y = 3$. Nós já vimos algumas soluções dessa equação, mas, para encontrar todas, vamos isolar y:

$2 \cdot x + 1 \cdot y = 3$
$2 \cdot x + 1 \cdot y + (-2 \cdot x) = 3 + (-2 \cdot x)$
$1 \cdot y + (2 \cdot x + (-2 \cdot x)) = 3 - 2 \cdot x$
$y + 0 = 3 - 2 \cdot x$
$y = 3 - 2 \cdot x$

Perceba que, para cada valor que atribuímos a x, encontramos um valor de y que torna a igualdade verdadeira. Assim, o conjunto solução dessa equação é: $S = \{(x, y) \in \mathbb{R} \times \mathbb{R} \mid y = 3 - 2x\}$ ou $S = \{(x, 3 - 2x) \mid x \in \mathbb{R}\}$.

Se as variáveis de uma equação podem assumir quaisquer valores, de modo que a igualdade fique sempre mantida, então, a equação é chamada de *identidade matemática*. Veja exemplos de identidades:

Exemplo 3.1

$2 \cdot x = x + x$

$(x + 1)^2 = x^2 + 2 \cdot x + 1$

Já a equação $x^2 = 1$ não é uma identidade, pois só é verdadeira para $x = 1$ e $x = -1$.

Duas equações muito comuns e que costumam aparecer em muitas situações do nosso dia a dia são as equações de primeiro e de segundo graus. A seguir, vamos estudar cada uma delas.

3.2.1 Equações de primeiro grau

Uma equação de primeiro grau em sua forma geral é uma equação da forma:

$a \cdot x + b = 0$

Nela, *a* e *b* são números reais, $a \neq 0$ e *x* é uma variável. Qualquer equação equivalente a essa é também chamada de *equação de primeiro grau*. Aqui, estamos interessados em encontrar o conjunto solução dessa equação, por isso vamos transformá-la em uma equação equivalente, isolando a variável *x*:

$a \cdot x + b = 0$

$a \cdot x + b + (-b) = 0 + (-b)$

$a \cdot x = -b$

$a \cdot x \cdot \dfrac{1}{a} = -b \cdot \dfrac{1}{a}$ (lembre que $a \neq 0$)

$x = -\dfrac{b}{a}$

Portanto, o conjunto solução dessa equação é o conjunto unitário $S = \left\{-\dfrac{b}{a}\right\}$.

Exemplo 3.2

Para encontrarmos, por exemplo, a solução da equação $3 \cdot x + 5 = 0$, podemos simplesmente utilizar o resultado que já encontramos. Nesse caso, temos que $x = -\dfrac{5}{3}$ e o conjunto solução é $S = \left\{-\dfrac{5}{3}\right\}$. Mas podemos percorrer o caminho análogo e resolver a equação da seguinte forma:

$3 \cdot x + 5 + (-5) = 0 + (-5)$

$3 \cdot x = -5$

$3 \cdot x \cdot \dfrac{1}{3} = -5 \cdot \dfrac{1}{3}$

$x = -\dfrac{5}{3}$

Exemplo 3.3

Para resolvermos a equação $4 \cdot x + 3 - 2 \cdot x = 5 \cdot x + 7$, precisamos pensar que essa equação não está em sua forma geral, então podemos transformá-la utilizando as operações pertinentes:

$4 \cdot x - 2 \cdot x - 5 \cdot x + 3 - 7 = 0$

$-3 \cdot x - 4 = 0$

$(-3) \cdot x + (-4) = 0$

Assim, a solução dessa equação é $x = -\dfrac{(-4)}{(-3)}$, isto é, $x = -\dfrac{4}{3}$.

Exercícios resolvidos

1) Sabendo que a soma de três números inteiros consecutivos é igual a 546, encontre esses números.

   Solução:

   Os números que desejamos encontrar são as incógnitas do nosso problema. No entanto, existe uma relação entre elas, de modo que podemos considerar o primeiro número como x, o segundo, que é consecutivo ao primeiro, como $(x + 1)$ e o terceiro como $(x + 1 + 1)$, uma vez que é consecutivo ao segundo número. Dessa forma, temos apenas uma variável para encontrar: x. Como a soma desses três números é igual a 546, podemos formar uma equação:

   $x + (x + 1) + (x + 1 + 1) = 546$

   $x + x + 1 + x + 2 = 546$

   $3 \cdot x + 3 = 546$

   $3 \cdot x = 546 - 3$

   $3 \cdot x = 543$

   $x = \dfrac{543}{3}$

   $x = 181$

   Portanto, os três números consecutivos cuja soma é 546 são os números 181, 182 e 183.

2) O time de futebol Clube Bola na Grama está invicto no campeonato municipal de sua cidade. Até agora, já disputou 14 partidas e está com 32 pontos. Sabendo que a cada vitória o time ganha 3 pontos no campeonato e a cada empate ganha 1 ponto, calcule quantos jogos o Clube Bola na Grama já ganhou até agora.

Solução:

Vamos representar por x o número de jogos que o time ganhou. Como ele está invicto, o número de empates é dado por $(14 - x)$. O número de partidas ganhas deverá ser multiplicado por 3 e o número de empates por 1 para compor os pontos ganhos pelo time. Assim, temos a seguinte equação:

$3 \cdot x + 1 \cdot (14 - x) = 32$

Agora, basta resolvermos essa equação para encontrar o número de vitórias:

$3 \cdot x + 14 - x = 32$
$2 \cdot x = 32 - 14$
$2 \cdot x = 18$
$x = 9$

Portanto, o time ganhou 9 partidas e empatou 5.

3.2.2 Equações de segundo grau

Uma equação de segundo grau em sua forma geral é:

$a \cdot x^2 + b \cdot x + c = 0$

Nela, a, b e c são números reais, $a \neq 0$ e x é uma variável. Qualquer equação equivalente a essa é também chamada de *equação de segundo grau*. Aqui, estamos interessados em encontrar o conjunto solução dessa equação – e vale lembrar que as soluções de uma equação são também chamadas de *raízes da equação*. Mas, diferentemente das equações de primeiro grau, as equações de segundo grau podem não apresentar somente uma solução – pode ser, inclusive, que a solução nem exista. Para as equações de segundo grau, existem três – e somente três – possibilidades:

1. A equação não possui solução real.
2. A equação possui apenas uma solução real.
3. A equação possui duas soluções reais.

Provavelmente você já ouviu falar da fórmula de Bhaskara. Vamos relembrá-la?

> **Importante!**
> Dada uma equação de segundo grau na sua forma geral $ax^2 + bx + c = 0$, onde a, b e c são números reais, $a \neq 0$ e x é uma variável, temos que:
>
> - Se $b^2 - 4 \cdot a \cdot c < 0$, então, a equação não possui solução, isto é, $S = \emptyset$.
> - Se $b^2 - 4 \cdot a \cdot c \geq 0$, então, $x = \dfrac{-b \pm \sqrt{b^2 - 4 \cdot a \cdot c}}{2 \cdot a}$
>
> A expressão $b^2 - 4 \cdot a \cdot c$ é chamada de *discriminante* e denotada por Δ:
> $\Delta = b^2 - 4 \cdot a \cdot c$

DEMONSTRAÇÃO DA FÓRMULA DE BHÁSKARA

Consideremos a equação $ax^2 + bx + c = 0$ com $a \neq 0$. Para encontrar a solução dessa equação, utilizaremos alguns procedimentos algébricos. Primeiro, vamos multiplicar ambos os lados da equação por $4 \cdot a$:

$$4 \cdot a \cdot (a \cdot x^2 + b \cdot x + c) = 4 \cdot a \cdot 0$$
$$4 \cdot a^2 \cdot x^2 + 4 \cdot a \cdot b \cdot x + 4 \cdot a \cdot c = 0$$
$$4 \cdot a^2 \cdot x^2 + 4 \cdot a \cdot b \cdot x = -4 \cdot a \cdot c$$
$$(2 \cdot a \cdot x)^2 + 2 \cdot (2 \cdot a \cdot x) \cdot b = -4 \cdot a \cdot c \tag{1}$$

Agora, utilizaremos um método conhecido como *completar quadrados*. Iremos transformar o lado esquerdo da equação em um quadrado perfeito, isto é, no quadrado da soma de dois termos: $(p + q)^2$. Para isso, utilizaremos a identidade:

$$(p + q)^2 = p^2 + 2 \cdot p \cdot q + q^2$$

Se fizermos $p = 2 \cdot a \cdot x$ e $q = b$, temos:

$$(2 \cdot a \cdot x + b)^2 = (2 \cdot a \cdot x)^2 + 2 \cdot (2 \cdot a \cdot x) \cdot b + b^2 \tag{2}$$

Compare o lado esquerdo da equação (1) com o lado direito da equação (2). Elas diferem apenas pelo termo b^2. Então, vamos adicionar esse termo em ambos os lados da equação (1):

$$(2 \cdot a \cdot x)^2 + 2 \cdot (2 \cdot a \cdot x) \cdot b + b^2 = -4 \cdot a \cdot c + b^2$$

Agora, usando a equação (2), temos que:

$$(2 \cdot a \cdot x + b)^2 = -4 \cdot a \cdot c + b^2$$

Ou, ainda:

$$(2 \cdot a \cdot x + b)^2 = b^2 - 4 \cdot a \cdot c$$
$$(2 \cdot a \cdot x + b)^2 = \Delta \qquad (3)$$

Observe que, se $\Delta < 0$, não existe x que satisfaça a equação (3), pois o quadrado de um número real é sempre maior ou igual a zero.

Suponhamos que $\Delta \geq 0$, então, da equação (3), obtemos:

$$\sqrt{(2 \cdot a \cdot x + b)^2} = \sqrt{\Delta}$$
$$|2 \cdot a \cdot x + b| = \sqrt{\Delta}$$
$$2 \cdot a \cdot x + b = \pm\sqrt{\Delta}$$
$$2 \cdot a \cdot x = -b \pm \sqrt{\Delta}$$

Finalmente, como $a \neq 0$, temos que:

$$x = \frac{-b \pm \sqrt{\Delta}}{2 \cdot a}$$

Observe que, se $\Delta = 0$, então, a equação possui apenas uma solução: $x = \dfrac{-b}{2 \cdot a}$.

Agora, se $\Delta > 0$, então, a equação possui duas soluções distintas: $x_1 = \dfrac{-b - \sqrt{\Delta}}{2 \cdot a}$ e $x_2 = \dfrac{-b + \sqrt{\Delta}}{2 \cdot a}$.

Exercícios resolvidos

1) Resolva a equação $2x^2 + x - 3 = 0$.

Solução:

Essa equação de segundo grau está na forma geral e, nesse caso, temos que $a = 2$, $b = 1$ e $c = -3$. Vamos calcular o discriminante para ver se a equação tem solução:

$$\Delta = b^2 - 4 \cdot a \cdot c$$
$$\Delta = 1^2 - 4 \cdot 2 \cdot (-3)$$
$$\Delta = 1 + 24$$
$$\Delta = 25 > 0$$

Como o discriminante é positivo, essa equação possui duas soluções distintas:

$$x_1 = \frac{-b - \sqrt{\Delta}}{2 \cdot a} = \frac{-1 - \sqrt{25}}{2 \cdot 2} = \frac{-1 - 5}{4} = \frac{-6}{4} = -\frac{3}{2}$$

$$x_2 = \frac{-b + \sqrt{\Delta}}{2 \cdot a} = \frac{-1 + \sqrt{25}}{2 \cdot 2} = \frac{-1 + 5}{4} = \frac{4}{4} = 1$$

Portanto, o conjunto solução da equação é $S = \left\{-\frac{3}{2}, 1\right\}$.

2) Resolva a equação $x^2 + 3x^2 = 4x - 1$.

   Solução:

   Perceba que a equação não está na forma geral, então, antes de tentar calcular o discriminante, precisamos transformá-la:

   $x^2 + 3 \cdot x^2 = 4 \cdot x - 1$
   $4 \cdot x^2 - 4 \cdot x + 1 = 0$

   Agora que a equação está na forma geral, temos que $a = 4$, $b = -4$ e $c = 1$. Assim:

   $\Delta = b^2 - 4 \cdot a \cdot c$
   $\Delta = (-4)^2 - 4 \cdot 4 \cdot 1$
   $\Delta = 16 - 16 = 0$

   A equação tem apenas uma solução: $x = -\frac{b}{2 \cdot a} = -\frac{(-4)}{2 \cdot 4} = \frac{1}{2}$.

   Portanto, o conjunto solução da equação é $S = \left\{\frac{1}{2}\right\}$.

3) Resolva a equação $x(x + 2) - 2 \cdot x + 4 = 3$.

   Solução:

   Vamos encontrar a forma geral da equação:

   $x \cdot (x + 2) - 2 \cdot x + 4 = 3$
   $x \cdot x + x \cdot 2 - 2 \cdot x + 4 - 3 = 0$
   $x^2 + 2 \cdot x - 2 \cdot x + 1 = 0$
   $x^2 + 1 = 0$
   $x^2 + 0 \cdot x + 1 = 0$

   Temos que $a = 1$, $b = 0$ e $c = 1$. Logo:

   $\Delta = b^2 - 4 \cdot a \cdot c$
   $\Delta = 0^2 - 4 \cdot 1 \cdot 1$
   $\Delta = -4 < 0$

   Portanto, a equação não possui solução real, isto é, $S = \emptyset$.

4) Dona Maria juntou dinheiro para trocar o piso da sua cozinha que mede 9 metros quadrados. Escolheu um lindo porcelanato retificado retangular e o piso foi revestido com exatamente 30 peças. Sabendo que os lados da peça diferem por 10 centímetros de comprimento, encontre o comprimento das peças.

Solução:

Vamos chamar um dos lados da peça de x. O outro lado da peça é 10 centímetros maior, porém, vamos transformar para metros para trabalhar com a mesma unidade de medida da área da cozinha. Assim, o outro lado mede $x + 0{,}1$.

Figura 3.1 – Porcelanato retangular

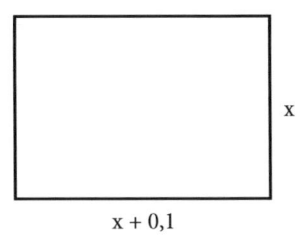

Desde que cada peça tem área $x \cdot (x + 0{,}1)$ metros quadrados e foram utilizadas 30 peças, a área coberta por elas foi de $30 \cdot x \cdot (x + 0{,}1)$ metros quadrados. Como o piso tem 9 metros quadrados, temos a seguinte equação:

$30 \cdot x \cdot (x + 0{,}1) = 9$

Observe que essa é uma equação do segundo grau:

$30 \cdot x \cdot x + 30 \cdot x \cdot 0{,}1 = 9$
$30 \cdot x^2 + 3 \cdot x - 9 = 0$

Antes de utilizar a fórmula de Bhaskara, podemos simplificar um pouco a equação. Para isso, vamos multiplicar ambos os lados da igualdade por $\frac{1}{3}$:

$(30 \cdot x^2 + 3 \cdot x - 9) \cdot \frac{1}{3} = 0 \cdot \frac{1}{3}$

$10 \cdot x^2 + x - 3 = 0$

Nessa equação, temos que $a = 10$, $b = 1$ e $c = -3$. Portanto:

$x = \dfrac{-1 \pm \sqrt{1^2 - 4 \cdot 10 \cdot (-3)}}{2 \cdot 10}$

$x = \dfrac{-1 \pm \sqrt{121}}{20}$

$x = \dfrac{-1 \pm 11}{20}$

Temos duas soluções aqui: $x_1 = \dfrac{-12}{20}$ e $x_2 = \dfrac{10}{20}$. Mas perceba que a primeira solução não é para o nosso problema, pois estamos trabalhando com uma medida de comprimento, logo, não pode ser negativa. Assim, encontramos que um dos lados das peças mede 0,5 metros, isto é, 50 centímetros. O outro lado mede, portanto, 60 centímetros.

3.3 Inequações

Já vimos que as equações são igualdades envolvendo uma ou mais expressões algébricas. Agora, quando temos desigualdades envolvendo expressões algébricas, chamamos de *inequações*. Por exemplo, $2 \cdot x - 1 \geq 2$ é uma inequação e, da mesma forma, imagine que queremos saber quais valores de x satisfazem essa desigualdade. Veja que se $x = 3$, então, $2 \cdot 3 - 1 = 6 - 1 = 5 \geq 2$. Logo, $x = 3$ satisfaz a inequação. Agora, se $x = 0$, temos que $2 \cdot 0 - 1 = -1 \not\geq 2$, isto é, $x = 0$ não satisfaz a desigualdade. Mas como podemos encontrar todos os valores de x que satisfazem a inequação?

Vamos estudar dois casos particulares: as inequações de primeiro grau e as inequações de segundo grau.

3.3.1 Inequações de primeiro grau

A forma geral de uma inequação de primeiro grau pode ser escrita como uma das quatro desigualdades:

$a \cdot x + b \leq 0$
$a \cdot x + b \geq 0$
$a \cdot x + b < 0$
$a \cdot x + b > 0$

Aqui, $a, b \in \mathbb{R}$, $a \neq 0$ e x é uma variável.

Para encontrar o conjunto solução dessas inequações, procedemos de maneira análoga ao caso das equações: isolamos a variável x.

Exemplo 3.4

Para resolvermos a inequação $2 \cdot x + 4 \geq 0$, primeiro vamos somar (-4) em ambos os lados da desigualdade:

$2 \cdot x + 4 + (-4) \geq 0 + (-4)$
$2 \cdot x \geq -4$

Depois, vamos multiplicar por $\dfrac{1}{2}$ os dois lados:

$2 \cdot x \cdot \dfrac{1}{2} \geq -4 \cdot \dfrac{1}{2}$
$x \geq -2$

Portanto, o conjunto solução dessa inequação é: $S = \{x \in \mathbb{R} \mid x \geq -2\}$.

Exemplo 3.5

Para resolver a inequação $x + 3 < 5x + 7$, devemos perceber, antes de tudo, que ela não está na forma geral, mas não é preciso transformá-la, pois queremos isolar a variável:

$x + 3 < 5 \cdot x + 7$

$x + 3 - 5 \cdot x < 5 \cdot x + 7 - 5 \cdot x$

$-4 \cdot x + 3 < 7$

$-4 \cdot x + 3 - 3 < 7 - 3$

$-4 \cdot x < 4$

$-4 \cdot x \cdot \left(-\dfrac{1}{4}\right) > 4 \cdot \left(-\dfrac{1}{4}\right)$

$x > -1$

O conjunto solução dessa inequação é $S = \{x \in \mathbb{R} \mid x > -1\}$.

> **Preste atenção!**
> Quando multiplicamos ambos os lados de uma desigualdade por um número negativo, precisamos inverter o sentido da desigualdade.

Exercício resolvido

1) Uma fábrica de bonecas tem um gasto fixo de R$ 1.200,00 por mês. Cada boneca tem um custo de produção de R$ 13,00. Sabendo que cada boneca será vendida por R$ 25,00, quantas bonecas a empresa deve vender por mês para que o valor arrecadado supere os gastos?

   Solução:
   Vamos denotar por x o número de bonecas. Então, o gasto mensal é de:

   $1\,200 + 13 \cdot x$

   O valor arrecadado com a venda das bonecas é:

   $25 \cdot x$

   Para que o valor arrecadado supere os gastos, devemos ter:

   $25 \cdot x > 1\,200 + 13 \cdot x$

   Agora, basta resolvermos a inequação:

   $25 \cdot x - 13 \cdot x > 1\,200$

$22 \cdot x > 1\,200$

$x > \dfrac{1\,200}{12}$

$x > 100$

A empresa deve vender mais do que 100 bonecas para que o valor arrecadado seja maior do que os gastos.

3.3.2 Inequações de segundo grau

A forma geral de uma inequação de segundo grau é similar a uma equação de segundo grau $ax^2 + bx + c = 0$, mas, ao invés do sinal de igualdade (=), temos uma das desigualdades: $\geq, \leq, >$ ou $<$:

$a \cdot x^2 + b \cdot x + c \geq 0$
$a \cdot x^2 + b \cdot x + c \leq 0$
$a \cdot x^2 + b \cdot x + c > 0$
$a \cdot x^2 + b \cdot x + c < 0$

Aqui, *a, b, c* são reais, $a \neq 0$ e *x* é uma variável.

A fim de encontrar o conjunto solução, transformaremos a inequação em outra equivalente cujo coeficiente do termo x^2 seja igual a 1. Para isso, basta multiplicarmos ambos os lados da inequação por $\dfrac{1}{a}$. Assim, teremos no lado esquerdo da inequação o termo $x^2 + \dfrac{b}{a}x + \dfrac{c}{a}$ e o lado direito continuará sendo zero. Mas tome cuidado, pois se *a* for negativo, o sinal da inequação inverterá.

A vantagem de trabalhar com as inequações nesse formato é que, se a equação correspondente $ax^2 + bx + c = 0$ tiver soluções x_1 e x_2 (não necessariamente distintas), então o termo $x^2 + \dfrac{b}{a}x + \dfrac{c}{a}$ é igual ao produto $(x - x_1) \cdot (x - x_2)$. Para verificar se esse produto é negativo, positivo ou igual a zero, basta analisarmos cada um dos termos $(x - x_1)$ e $(x - x_2)$ separadamente e aplicar a regra de sinais.

Importante!

Inequação equivalente

$$x^2 + \dfrac{b}{a}x + \dfrac{c}{a} \geq 0 \Leftrightarrow (x - x_1)(x - x_2) \geq 0$$

Onde x_1 e x_2 são raízes da equação $ax^2 + bx + c = 0$.

Exercícios resolvidos

1) Resolva a inequação $x^2 - 3x + 2 \geq 0$.

Solução:

As raízes da equação $x^2 - 3x + 2 = 0$ são $x = 1$ e $x = 2$ (podemos encontrá-las usando a fórmula de Bhaskara).

Então, segue que $x^2 - 3x + 2 = (x - 1) \cdot (x - 2)$. Vamos analisar o sinal das expressões $(x - 1)$ e $(x - 2)$:

Para $(x - 1)$, temos:

I. $(x - 1) = 0 \Leftrightarrow x = 1$
II. $(x - 1) > 0 \Leftrightarrow x > 1$
III. $(x - 1) < 0 \Leftrightarrow x < 1$

Para $(x - 2)$, temos:

I. $(x - 2) = 0 \Leftrightarrow x = 2$
II. $(x - 2) > 0 \Leftrightarrow x > 2$
III. $(x - 2) < 0 \Leftrightarrow x < 2$

Para resolvermos a inequação, desejamos encontrar os valores de x tais que o produto $(x - 1) \cdot (x - 2)$ seja igual ou maior do que zero. Pela análise que já fizemos, temos que $x = 1$ e $x = 2$ pertencem à solução, uma vez que produto será zero em qualquer um dos casos. Uma forma de fazermos uma análise de todas as possibilidades é marcar o sinal de cada uma das expressões em uma reta real e usar uma terceira reta para marcar o sinal do produto.

Figura 3.2 – Análise do sinal – Exercício 1

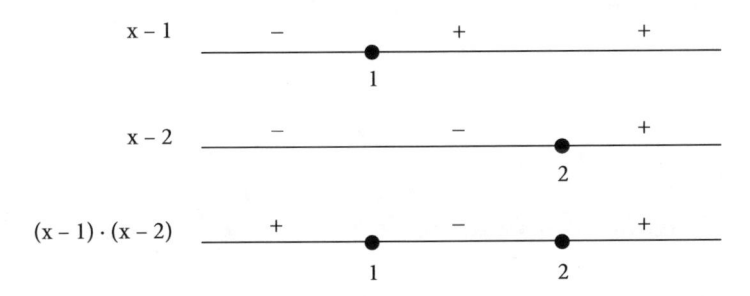

O produto $(x - 1) \cdot (x - 2)$ é maior ou igual a zero se $x \leq 1$ ou $x \geq 2$. Portanto, o conjunto solução da inequação é: $S = \{x \in \mathbb{R} \mid x \leq 1 \text{ ou } x \geq 2\}$ ou, ainda, $S = (-\infty, 1] \cup [2, +\infty)$.

2) Resolva a inequação $9x^2 - 12x + 4 < 0$.

Solução:

A inequação $9x^2 - 12x + 4 < 0$ é equivalente à inequação $x^2 - \frac{12}{9}x + \frac{4}{9} < 0$. Temos que a equação $9x^2 - 12x + 4 = 0$ possui uma única raiz: $x = \frac{2}{3}$. Portanto, para resolvermos a inequação $9x^2 - 12x + 4 < 0$, vamos resolver a inequação equivalente $\left(x - \frac{2}{3}\right) \cdot \left(x - \frac{2}{3}\right) < 0$. Mas, $\left(x - \frac{2}{3}\right) \cdot \left(x - \frac{2}{3}\right) = \left(x - \frac{2}{3}\right)^2$ e o quadrado de um número real é sempre maior ou igual a zero. Portanto, a inequação não tem solução, ou seja, $S = \emptyset$.

3) Resolva a inequação $-x^2 + 2x + 3 > 0$.

Solução:
Temos:

$-x^2 + 2 \cdot x + 3 > 0 \Leftrightarrow x^2 - 2 \cdot x - 3 < 0.$

Raízes da equação $x^2 - 2 \cdot x - 3 = 0$: $x_1 = 3$, $x\_2 = -1$.

Logo, $-x^2 + 2 \cdot x + 3 > 0 \Leftrightarrow (x - (-1)) \cdot (x - 3) < 0 \Leftrightarrow (x + 1) \cdot (x - 3) < 0.$

Figura 3.3 – Análise do sinal – Exercício 3

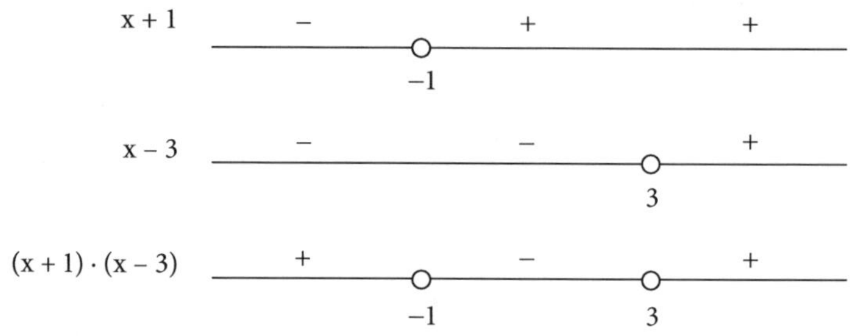

```
x + 1        −         +         +
        ───────────o──────────────────
                  −1

x − 3        −         −         +
        ──────────────────o──────────
                          3

(x + 1)·(x − 3)   +     −         +
        ───────────o─────o────────────
                  −1     3
```

Portanto, o conjunto solução da inequação é $S = \{x \in \mathbb{R} \mid -1 < x < 3\} = (-1, 3)$.

3.4 Equações diofantinas lineares

Uma equação linear é aquela em que as variáveis têm apenas grau zero ou um. Sua forma geral é dada por:

$$a_1x_1 + a_2x_2 + \ldots + a_3x_3 = b$$

Nela, $x_1, x_2, \ldots, x_n$ são as variáveis, $a_1, a_2, \ldots, a_n$ são os coeficientes e b é o termo independente.

As equações algébricas em que os coeficientes são inteiros e buscam-se apenas as soluções inteiras são chamadas **equações diofantinas**, em virtude do matemático e filósofo grego Diophantus de Alexandria, que viveu no quarto século a.C.

Aqui, consideraremos o caso em que as equações têm duas variáveis (utilizaremos x e y), ou seja, equações da forma:

$$a \cdot x + b \cdot y = c$$

Aqui, a, b e c são inteiros e x e y são variáveis. No início deste capítulo, já trabalhamos com uma dessas equações – tínhamos a equação dada por: $2 \cdot x + 1 \cdot y = 3$ e observamos algumas soluções:

$x = 0$ e $y = 3$

$x = 1$ e $y = 1$

$x = \dfrac{1}{2}$ e $y = 2$

Somente a primeira e a segunda soluções nos interessam quando estamos trabalhando com equações diofantinas, uma vez que queremos apenas soluções inteiras. Mas como encontrá-las? Será que elas sempre existem?

Vamos responder a essas perguntas demonstrando dois teoremas:

> **1.** Dados $a, b, c \in \mathbb{Z}$, existem $x, y \in \mathbb{Z}$ tais que $a \cdot x + b \cdot y = c$ se, e somente se, $\mathrm{mdc}(a, b) \mid c$.
>
> **2.** Se (x_0, y_0) é uma solução da equação diofantina $a \cdot x + b \cdot y = c$, então, todas as soluções são da forma:
>
> $$x = x_0 + \left(\dfrac{b}{d}\right)t$$
>
> $$y = y_0 - \left(\dfrac{a}{d}\right)t$$
>
> Onde $d = \mathrm{mdc}(a, b)$ e t é um inteiro qualquer.

Vamos demonstrar a primeira afirmação.

1. ($\Rightarrow$) Sejam a, b e c inteiros e suponhamos que existem inteiros x e y, tais que $a \cdot x + b \cdot y = c$. Se $d = \mathrm{mdc}(a, b)$, então, temos que $d \mid a$ e $d \mid b$. Logo, $d \mid (a \cdot x + b \cdot y)$, ou seja, $d \mid c$. Portanto, $\mathrm{mdc}(a, b) \mid c$.

($\Leftarrow$) Suponhamos que a, b e c são inteiros tais que $\mathrm{mdc}(a, b) \mid c$. Denotemos por $d = \mathrm{mdc}(a, b)$. Então, existe $k \in \mathbb{Z}$ tal que $c = d \cdot k$. Por outro lado, pela identidade de Bezout, existem $r, s \in \mathbb{Z}$ tais que $a \cdot r + b \cdot s = d$. Logo:

$c = d \cdot k$
$c = (a \cdot r + b \cdot s) \cdot k$
$c = a \cdot (r \cdot k) + b \cdot (s \cdot k)$

Chamando $x = r \cdot k$ e $y = s \cdot k$, segue que $a \cdot x + b \cdot y = c$.

Vejamos na prática como encontrar as soluções de uma equação diofantinas.

Exercícios resolvidos

1) Determine todas as soluções inteiras, se existirem, da equação $32x + 9y = 7$.

    Solução:

    Para que a equação possua soluções inteiras, precisamos verificar se mdc $(32, 9) | 7$. Usaremos o algoritmo de Euclides para encontrar o máximo divisor comum (mdc) e, depois, esse mesmo algoritmo será usado para encontrar as soluções:

    $32 = 9 \cdot 3 + 5$
    $9 = 5 \cdot 1 + 4$
    $5 = 4 \cdot 1 + 1$

    Logo, mdc$(32, 9)$ = mdc$(9, 5)$ = mdc$(5, 4)$ = mdc$(4, 1) = 1$. Como $1 | 7$, a equação tem soluções inteiras. Vamos reescrever essas equações isolando os restos:

    $5 = 32 - 9 \cdot 3$
    $4 = 9 - 5 \cdot 1$
    $1 = 5 - 4 \cdot 1$

    Queremos encontrar uma equação na forma $1 = 32 \cdot r + 9 \cdot s$. Para isso, utilizaremos as três equações já mencionadas. Primeiro, substituímos a segunda na terceira:

    $1 = 5 - 4 \cdot 1 = 5 - (9 - 5 \cdot 1) = 5 - 9 + 5 \cdot 1 = 2 \cdot 5 - 9$
    $1 = 2 \cdot 5 - 9$

    Agora, substituímos a primeira na equação encontrada:

    $1 = 2 \cdot (32 - 9 \cdot 3) - 9 = 32 \cdot 2 - 9 \cdot 3 \cdot 2 - 9 = 32 \cdot 2 - 9 \cdot 7$
    $1 = 32 \cdot 2 + 9 \cdot (-7)$

    Para encontrar uma solução da equação, basta multiplicar esta última por 7:

    $1 \cdot 7 = (32 \cdot 2 + 9 \cdot (-7)) \cdot 7$
    $7 = 32 \cdot 14 + 9 \cdot (-49)$

Portanto, uma solução particular para a equação é $x_0 = 14$ e $y_0 = -49$. As soluções gerais são dadas por:

$x = 14 + 9 \cdot k$
$y = -49 - 32 \cdot k$

2) Encontre, se existirem, as soluções inteiras da equação $3 \cdot x + 9 \cdot y = 4$.

   Solução:
   Temos que mdc $(3, 9) = 3$, pois, $3|9$. Mas, $3 \nmid 4$, portanto, essa equação diofantina não possui como solução um número inteiro.

3) Resolva a equação diofantina: $48x + 20y = 12$.

   Solução:
   Como mdc$(48, 20) = 4$ e $4|12$, a equação tem solução. Vamos utilizar o algoritmo de Euclides:

   $48 = 20 \cdot 2 + 8$
   $20 = 8 \cdot 2 + 4$
   $8 = 48 - 20 \cdot 2$
   $4 = 20 - 8 \cdot 2$
   $4 = 20 - (48 - 20 \cdot 2) \cdot 2 = 20 - 48 \cdot 2 + 20 \cdot 4 = 48 \cdot (-2) + 20 \cdot (5)$
   $4 \cdot 3 = (48 \cdot (-2) + 20 \cdot (5)) \cdot 3$
   $12 = 48 \cdot (-6) + 20 \cdot (15)$

   Solução particular: $x_0 = -6$ e $y_0 = 15$.

   Solução geral: $\begin{cases} x = -6 + \dfrac{20}{4}t = -6 + 5t \\ y = 15 - \dfrac{48}{4}t = 15 - 12t \end{cases}$, onde $t \in \mathbb{Z}$.

3.5 Sistemas lineares

Como você sabe, cotidianamente nos deparamos com muitos problemas que não envolvem apenas uma variável, mas duas, três, quatro ou mais. Além disso, as relações entre as variáveis podem resultar em mais de uma equação.

Por exemplo, suponha que, ao abastecer um carro *flex*, Joana pagou R$ 170,75 por 25 litros de álcool e 25 litros de gasolina. Na semana seguinte, sem que os preços tivessem se alterado, ela pagou R$ 187,70 por 10 litros de álcool e 40 de gasolina. Qual é o preço do litro do álcool e da gasolina no posto que Joana abasteceu?

Ora, para resolver esse problema, precisamos considerar duas variáveis, não é mesmo? Então, chamaremos de x o preço do litro do álcool e de y o preço do litro da gasolina. Assim, conseguimos formular duas equações:

$$\begin{cases} 25 \cdot x + 25 \cdot y = 170{,}75 \\ 10 \cdot x + 40 \cdot y = 187{,}70 \end{cases}$$

A resposta para esse problema é $x = 2{,}85$ e $y = 3{,}98$, ou seja, o preço do litro do álcool pago por Joana foi R$ 2,85 e o preço da gasolina foi R$ 3,98.

Mas como fazemos para encontrar esses valores? Um conjunto de equações que envolvem as mesmas variáveis é chamado de **sistema de equações**. Se todas as variáveis do sistema têm grau zero ou um apenas, então, dizemos que o sistema é *linear*. Em particular, sistemas que têm duas equações e duas variáveis são chamados de *sistemas 2 × 2*. Veremos duas formas de resolver sistemas lineares 2 × 2, mas, antes disso, falaremos um pouco sobre as suas soluções.

É possível que um sistema linear tenha uma única solução, infinitas soluções ou nenhuma solução, e de acordo com cada uma dessas possibilidades é que classificamos o sistema.

Quadro 3.1 – Sistemas lineares

Sistema compatível	Determinado	Possui uma única solução
	Indeterminado	Possui infinitas soluções
Sistema incompatível		Não possui solução

Em algumas bibliografias, podemos encontrar as expressões possível e impossível em vez de compatível e incompatível, respectivamente.

3.5.1 Método da substituição

O método da substituição consiste em isolar uma das variáveis em uma das equações de um sistema 2 × 2 e substituir na outra equação. Consideremos o sistema:

$$\begin{cases} a \cdot x + b \cdot y = k_1 \\ c \cdot x + d \cdot y = k_2 \end{cases}$$

Onde $a, b, c, d, k_1, k_2 \in \mathbb{R}$ e x e y são as variáveis a serem determinadas.

Se $a \neq 0$, podemos isolar x na primeira equação: $x = \dfrac{k_1 - b \cdot y}{a}$.

Substituindo na segunda equação, temos: $c \cdot \left(\dfrac{k_1 - b \cdot y}{a} \right) + d \cdot y = k_2$. Agora temos uma equação com uma única variável e, encontrando o valor de y, podemos encontrar o valor de x.

Exercícios resolvidos

1) Resolva o sistema $\begin{cases} 2x + 5y = -2 \\ 3x - 2y = 16 \end{cases}$.

Solução:

Vamos isolar a variável x na primeira equação:

$2 \cdot x + 5 \cdot y = -2$

$2 \cdot x = -2 - 5 \cdot y$

$x = \dfrac{-2 - 5 \cdot y}{2}$

Agora, vamos substituir na segunda equação:

$3 \cdot x - 2 \cdot y = 16$

$3 \cdot \left(\dfrac{-2 - 5 \cdot y}{2} \right) - 2 \cdot y = 16$

$\dfrac{-6 - 15 \cdot y}{2} - 2 \cdot y = 16$

$\dfrac{-6 - 15 \cdot y - 4 \cdot y}{2} = 16$

$-6 - 19 \cdot y = 32$

$-19 \cdot y = 32 + 6$

$y = \dfrac{38}{-19}$

$y = -2$

Para encontrarmos o valor de x, basta substituir o valor de y na equação onde x já está isolado:

$x = \dfrac{-2 - 5 \cdot y}{2}$

$x = \dfrac{-2 - 5 \cdot (-2)}{2} = \dfrac{-2 + 10}{2} = \dfrac{8}{2}$

$x = 4$

Esse sistema é compatível determinado e sua solução é (4, −2).

2) Encontre, se existir, a solução do sistema: $\begin{cases} x + y = 3 \\ 4x + 4y = 5 \end{cases}$

Solução:

Isolando a variável x na primeira equação, temos: $x = 3 - y$. Substituindo na segunda equação, temos:

$4 \cdot x + 4 \cdot y = 5$
$4 \cdot (3 - y) + 4 \cdot y = 5$
$12 - 4 \cdot y + 4 \cdot y = 5$
$12 = 5$

Chegamos a uma afirmação falsa, ou seja, um absurdo. Logo, esse sistema não possui solução. É um sistema incompatível.

3.5.2 Método da adição

A ideia do método da adição para resolver sistemas lineares 2 × 2 consiste em transformar as equações de modo que, ao somá-las, uma das variáveis seja eliminada.

Exercícios resolvidos

1) Resolva o sistema $\begin{cases} x + y = 3 \\ 5x + 2y = 6 \end{cases}$

   Solução:

   Na forma em que as equações estão, de nada adianta somá-las, pois obteríamos uma nova equação com duas variáveis. Então, vamos primeiramente multiplicar a primeira equação por (–2):

   $x + y = 3$
   $(x + y) \cdot (-2) = 3 \cdot (-2)$
   $-2 \cdot x - 2 \cdot y = -6$

   Assim, ficamos com o sistema equivalente:

   $\begin{cases} -2 \cdot x - 2 \cdot y = -6 \\ 5 \cdot x + 2 \cdot y = 6 \end{cases}$

   Somando o lado esquerdo das equações, devemos somar o lado direito também, para que se mantenha a igualdade:

   $(-2 \cdot x - 2 \cdot y) + (5 \cdot x + 2 \cdot y) = -6 + 6$
   $-2 \cdot x + 5 \cdot x = 0$
   $3 \cdot x = 0$
   $x = 0$

   Agora, para encontrar o valor de *y*, voltamos a uma das equações do sistema:

   $x + y = 3$
   $0 + y = 3$
   $y = 3$

   Esse sistema é compatível determinado e possui solução (0, 3).

2) Encontre as soluções do sistema: $\begin{cases} 2x - 3y = 7 \\ -4x + 6y = 14 \end{cases}$

Solução:

Para eliminar a variável x ao somar as equações, podemos multiplicar a primeira equação por 2:

$$\begin{cases} 4 \cdot x - 6 \cdot y = -14 \\ -4 \cdot x + 6 \cdot y = 14 \end{cases}$$
$$\overline{}$$
$$0 \cdot x + 0 \cdot y = 0$$

Ao somar as duas equações, obtemos uma afirmação que é sempre verdadeira: $0 = 0$. Isso significa que o sistema tem infinitas soluções. Observe que, ao isolarmos a variável x em qualquer uma das equações, obtemos:

$$x = \frac{7 + 3 \cdot y}{2}$$

O que significa que, para qualquer valor que atribuirmos a y, obteremos um valor de x que satisfaz o sistema. Logo, esse sistema é compatível indeterminado e tem soluções $\left(\frac{7 + 3 \cdot y}{2}, y \right)$, $y \in \mathbb{R}$.

Síntese

Os quadros a seguir sintetizam os assuntos tratados neste capítulo:

Equação / Inequação	Forma geral	Solução	
Equação de 1º grau	$a \cdot x + b = 0, a \neq 0$	$x = -\dfrac{b}{a}$	
Equação de 2º grau	$a \cdot x^2 + b \cdot x + c = 0, a \neq 0$ $\Delta = b^2 - 4 \cdot a \cdot c$	$\Delta < 0 \Rightarrow$ não tem solução $\Delta = 0 \Rightarrow x = -\dfrac{b}{2 \cdot a}$ $\Delta > 0 \Rightarrow x = \dfrac{-b \pm \sqrt{\Delta}}{2 \cdot a}$	
		$a > 0$	$a < 0$
Inequação de 1º grau	$a \cdot x + b \leq 0$	$x \leq -b/a$	$x \geq -b/a$
	$a \cdot x + b \geq 0 \quad a \neq 0$	$x \geq -b/a$	$x \leq -b/a$
	$a \cdot x + b < 0$	$x < -b/a$	$x > -b/a$
	$a \cdot x + b > 0$	$x > -b/a$	$x < -b/a$

Para inequações do segundo grau, consideremos o caso:

$ax^2 + bx + c \leq 0$

	$\Delta < 0$	$\Delta = 0$	$\Delta > 0$
$a > 0$	Não tem solução	$x = -\dfrac{b}{2 \cdot a}$	$\dfrac{-b - \sqrt{\Delta}}{2 \cdot a} \leq x \leq \dfrac{-b + \sqrt{\Delta}}{2 \cdot a}$
$a < 0$	$x \in \mathbb{R}$	$x = -\dfrac{b}{2 \cdot a}$	$x \leq \dfrac{-b - \sqrt{\Delta}}{2 \cdot a}$ ou $x \geq \dfrac{-b + \sqrt{\Delta}}{2 \cdot a}$

Atividades de autoavaliação

1) Observe as seguintes expressões:

  I. $5 \cdot x + 18 \cdot x^2 \cdot y$

  II. $16 \cdot x^{-1} - 12 \cdot x + 3$

  III. $2 \cdot a^2 \cdot b + 3 \cdot a \cdot b^2 + a \cdot b + 1$

  IV. $\dfrac{2}{x^2 + 1}$

  V. $x^{25} + 1$

  Podemos afirmar que são polinômios apenas as expressões:

  a. I e II.

  b. II e IV.

  c. I, II e III.

  d. I, III e V.

  e. I e V.

2) Considere a equação de 1º grau: $3x + 5 - 4x = 0$. Qual é o valor de x que satisfaz a equação?

  a. −1.

  b. 2.

  c. 5.

  d. 3.

  e. 0.

3) Qual a solução da equação de 2º grau: $x^2 - 6x = -9$?

  a. $x = 3$ e $x = -3$.

  b. $x = 3$.

  c. A equação não tem solução.

d. x = –3.

e. x = 0 e x = 3.

4) Assinale a alternativa que contém o conjunto solução da inequação: 4 – x ≤ 0:

   a. $(4, \infty)$.

   b. $(-\infty, 4]$.

   c. $[0, 4]$.

   d. $(-4, \infty)$.

   e. $[4, \infty)$.

5) Encontre a solução do sistema: $\begin{cases} 2x - y = -5 \\ x + 4y = 11 \end{cases}$:

   a. $\begin{cases} x = -1 \\ y = 3 \end{cases}$

   b. $\begin{cases} x = 1 \\ y = 2 \end{cases}$

   c. $\begin{cases} x = 2 \\ y = -3 \end{cases}$

   d. $\begin{cases} x = 4 \\ y = 0 \end{cases}$

   e. $\begin{cases} x = 0 \\ y = 5 \end{cases}$

Atividades de aprendizagem

1) Um terreno retangular tem perímetro de 80 m. Sabendo que a largura do terreno é 10 m menor do que o comprimento, encontre a área do terreno.

2) Em uma loja de artigos esportivos, o número de bolas de futebol era o triplo do número de bolas de basquete. Foram vendidas 2 bolas de basquete e 26 de futebol, restando no estoque quantidades iguais de cada tipo de bola. Qual era o número total de bolas no estoque inicial?

3) Quais são os números reais que somados ao dobro do seu inverso resulta em 3?

4) Para se obter um quadrado tal que a sua área seja maior do que o seu perímetro, qual deve ser a medida do lado do quadrado?

5) Esboce em uma reta real quais os valores de x que satisfazem as inequações:
   a. $5x + 3 < 2x + 18$
   b. $(3x - 1) \cdot (x + 1) \geq 0$
   c. $x^2 + x - 2 < 0$

6) Sabendo que, em quadra, uma equipe de basquete tem 5 jogadores e uma de vôlei tem 5 jogadores, quantas quadras são necessárias para que 100 alunos pratiquem esses esportes simultaneamente?

7) Resolva o sistema: $\begin{cases} 2x + 6y = 36 \\ x - 7y = -32 \end{cases}$

Relações binárias são relações entre dois elementos que podem pertencer a um mesmo conjunto ou a conjuntos diferentes. Por sua vez, as funções, que veremos a partir do próximo capítulo, são tipos especiais de relações, pois, a cada elemento de determinado conjunto (domínio), relacionamos um elemento de outro conjunto (contradomínio). Neste capítulo, veremos dois tipos muito especiais de relações: as de equivalência e as de ordem – que diferem entre si pelas propriedades que têm.

4

Relações

4.1 Relações binárias

No Capítulo 1, quando definimos o produto cartesiano entre dois conjuntos, definimos também o que chamamos de relação binária entre conjuntos: uma relação binária entre os conjuntos A e B é um subconjunto R do produto cartesiano $A \times B$, ou seja, uma relação é um conjunto de pares ordenados. Chamamos de *domínio de R* o conjunto $D(R)$ formado pelos elementos $a \in A$ para os quais existe algum $b \in B$ tal que $(a, b) \in R$. A imagem de R, $Im(R)$, é definida pelos elementos $b \in B$ para os quais existe algum $a \in A$ tal que $(a, b) \in R$.

> **Importante!**
> Se $R \subset A \times B$ é uma relação binária, então:
>
> $D(R) = \{a \in A \mid \exists b \in B, (a, b) \in R\}$
> $Im(R) = \{b \in B \mid \exists a \in A, (a, b) \in R\}$

Em particular, o conjunto vazio é uma relação entre quaisquer dois conjuntos A e B, pois $\varnothing \subset A \times B$.

Se um par ordenado (x, y) pertence a uma relação R, usamos a notação xRy.

$xRy \Leftrightarrow (x, y) \in R$

Outra forma de representar uma relação é utilizar diagramas de Venn, que vimos também no Capítulo 1. Por exemplo, se $A = \{1, 2, 3\}$, $B = \{a, b, c, d\}$ e a relação R de A em B é dada por $R = \{(1, a), (1, b), (2, b), (2, d)\}$, podemos representar R como na Figura 4.1.

Figura 4.1 – Representando relações

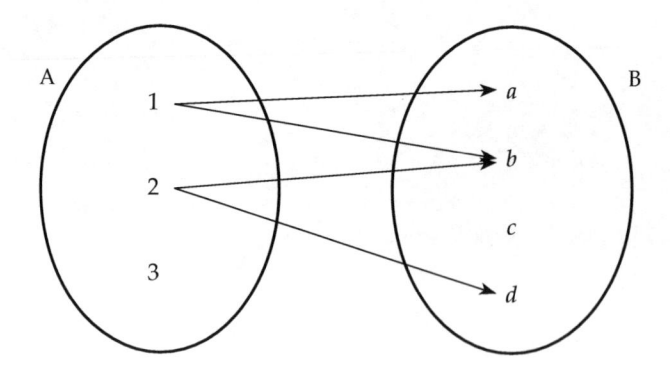

Vejamos nos exemplos algumas relações bastante conhecidas e outras definidas de forma arbitrária.

Exemplo 4.1
Considere os conjuntos A = {1, 2, 3} e B = {3, 5, 7, 9}. Então, o conjunto R = {(1, 3), (1, 7), (3, 9)} é uma relação entre os conjuntos A e B, pois R ⊂ A × B.

Exemplo 4.2
Relação de Igualdade:
- Considere os conjuntos A = {–3, –2, 0, 2, 3} e B = {–2, –1, 0, 1, 2}. Seja R a relação formada pelos pares em que a primeira coordenada é igual à segunda. Assim, temos que: R = {(–2, –2), (0, 0), (2, 2)}.
- Considere o conjunto dos números inteiros. Então, a relação de igualdade em $\mathbb{Z}$ (ou seja, em $\mathbb{Z} \times \mathbb{Z}$) é formada pelos pares ordenados (x, x), onde x ∈ $\mathbb{Z}$.

Exemplo 4.3
Sejam A = $\mathbb{N}$ e B = $\mathbb{Q}$. Considere a Relação R entre os conjuntos A e B dada por: $xRy \Leftrightarrow x = \frac{1}{y}$. Alguns pares que pertencem à relação: (1, 1), $\left(2, \frac{1}{2}\right)$ e $\left(10, \frac{1}{10}\right)$. Podemos descrevê-la pela propriedade que a caracteriza, $xRy \Leftrightarrow x = \frac{1}{y}$, ou em forma de conjunto: $R = \left\{\left(x, \frac{1}{x}\right) \mid x \in \mathbb{N}\right\}$.

Exemplo 4.4
Consideremos as seguintes relações em $\mathbb{N} \times \mathbb{N}$:

$xR_1y \Leftrightarrow x + y = 2$
$xR_2y \Leftrightarrow x \mid y$
$xR_3y \Leftrightarrow x + y$ é ímpar

O único par da relação R_1 é $(1, 1)$.

Os pares $(2, 4)$, $(1, 7)$, $(6, 6)$, $(3, 27)$, $(5, 100)$ e $(7, 42)$ pertencem à relação R_2, mas os pares $(2, 5)$, $(3, 10)$, $(4, 11)$ e $(5, 24)$ não pertencem.

Temos, por exemplo, $2R_31$, $1R_32$, $3R_310$, $4R_35$ e $20R_351$.

4.2 Relação inversa

Dada uma relação R entre os conjuntos A e B, definimos a relação inversa de R, denotada por R^{-1}, como uma relação entre B e A dada por:

$$yR^{-1}x \Leftrightarrow xRy$$

Isso significa que, se o par (x, y) pertence à relação R, então o par (y, x) pertence à relação R^{-1}. Reciprocamente, se o par (y, x) pertence à relação R^{-1}, então o par (x, y) pertence à relação R.

> **Preste atenção!**
> Observe que não há restrição alguma para a existência da relação inversa, ou seja, toda e qualquer relação R possui uma relação inversa R^{-1} relacionada.

Exemplo 4.5
Considere a relação dada no Exemplo 4.1, onde $A = \{1, 2, 3\}$, $B = \{3, 5, 7, 9\}$ e $R = \{(1, 3), (1, 7), (3, 9)\}$. Então, a relação inversa de R contém os pares $(3, 1)$, $(7, 1)$ e $(9, 3)$, isto é, $R^{-1} = \{(3, 1), (7, 1), (9, 3)\}$.

Exemplo 4.6
Seja R a relação de $\mathbb{R}$ em $\mathbb{R}$ dada por: $xRy \Leftrightarrow y = x^2$. Assim, temos que $R = \{(x, x^2) \mid x \in \mathbb{R}\}$. Os pares $(2, 4)$ e $(-2, 4)$ pertencem à relação R, logo, os pares, $(4, 2)$ e $(4, -2)$ pertencem à relação R^{-1}. Em geral, podemos escrever a relação inversa de R como $R^{-1} = \{(x^2, x) \mid x \in \mathbb{R}\}$.

4.3 Propriedades das relações

Dado um conjunto A não vazio e uma relação R em A, podemos investigar se a relação R tem algumas das seguintes propriedades:

1. Reflexividade:

Dizemos que uma relação R é *reflexiva* se, para todo x pertencente à A, o par (x, x) pertence à relação.

$xRx, \forall x \in A$

2. Simetria:

Uma relação R é dita **simétrica** se, para qualquer par (x, y) pertencente à relação R, o par (y, x) também pertence à relação R.

$xRy \Leftrightarrow yRx$

3. Antissimetria:

Dizemos que uma relação R é **antissimétrica** se toda vez que o par (x, y) pertencer à relação R com $x \neq y$ o par (y, x) não pertencer à relação R. Outra forma de enunciar essa propriedade é: Se (x, y) e (y, x) pertencem à relação R, então, necessariamente, $x = y$.

xRy e $yRx \Rightarrow x = y$

4. Transitividade

Uma relação R é dita transitiva se toda vez que os pares (x, y) e (y, z) pertencerem à relação R o par (x, z) também pertencer à relação R.

xRy e $yRz \Rightarrow xRz$

Exemplo 4.7

A relação de igualdade é uma relação reflexiva sobre qualquer conjunto, pois, sendo um elemento sempre igual a ele mesmo, o par (x, x) sempre estará na relação para todo x pertencente ao conjunto.

Exercício resolvido

1) Sejam $A = \{a, b, c, d\}$ e $R = \{(a, a), (a, b), (b, a), (b, c), (c, b)\}$. Verifique que propriedades a relação R possui.

Solução:
- A relação R não é reflexiva porque, por exemplo, o par (b, b) não pertence à relação.
- R é uma relação simétrica, pois para cada para (x, y) que pertence à relação R, temos que o par (y, x) também pertence.
- R não é antissimétrica, pois aRb e bRa, mas $a \neq b$.
- R não é transitiva, pois bRc e cRb, mas (b, b) não pertence à relação.

Exemplo 4.8

Considere a relação R dada por "é menor do que" no conjunto dos números inteiros.
- R não é reflexiva, pois, por exemplo, 2 não é menor do que 2, isto é, $(2, 2) \notin R$.
- R não é simétrica, pois, por exemplo, $(2, 3) \in R$, mas $(3, 2) \notin R$.
- R é transitiva, pois se x é menor do que y e y é menor do que z, então, necessariamente, x é menor do que z.

Exercícios resolvidos

1) Consideremos o conjunto dos números inteiros e a relação em $\mathbb{Z}$ dada por: $xRy \Leftrightarrow x \mid y$. Verifique as propriedades dessa relação.

   Solução:
   R é reflexiva, pois $x \mid x$ para todo $x \in \mathbb{Z}$.
   R não é simétrica, pois, por exemplo, $2 \mid 6$, mas $6 \nmid 2$.
   R não é antissimétrica, pois $-1 \mid 1$ e $1 \mid -1$, mas $1 \neq -1$.
   R é transitiva, pois, se $x \mid y$ e $y \mid z$, então $x \mid z$.

2) No produto cartesiano $\mathbb{Z} \times \mathbb{Z}$, podemos definir a seguinte relação binária: $(a, b)R(x, y) \Leftrightarrow a + y = b + x$. Quais propriedades essa relação possui?

   Solução:
   R é reflexiva, pois, desde que $a + b = b + a$, segue que $(a, b)R(a, b)$.
   R é simétrica, pois, se $(a, b)R(x, y)$, segue que $a + y = b + x$. Assim, temos que $x + b = y + a$ e, portanto, $(x, y)R(a, b)$.
   R é transitiva, pois, se $(a, b)R(x, y)$ e $(x, y)R(p, q)$, então, temos que $a + y = b + x$ e $x + q = y + p$. Assim, $y - x = b - a$ e $y - x = q - p$, e $b - a = q - p$. Logo, $a + q = b + p$ e, portanto, $(a, b)R(p, q)$.

4.4 Relações de equivalência

Se A é um conjunto não vazio e R é uma relação **reflexiva**, **simétrica** e **transitiva** em A, então, dizemos que a relação R é uma *relação de equivalência*. Nesse caso, denotamos **x~y** para dizer que x se relaciona com y, isto é, se R é uma relação de equivalência e $(x, y) \in \mathbb{R}$, então, escrevemos $x \sim y$.

As relações de equivalência formam um tipo muito especial de relações de um conjunto, pois permitem "dividir" um conjunto em partes de modo que a união de todas elas seja o conjunto todo e os "pedaços" sejam disjuntos dois a dois. Para fazer essa partição no conjunto A, vamos definir as classes de equivalência de um conjunto.

> **Importante!**
> Seja R uma relação de equivalência em um conjunto A. Então, para cada $a \in A$, definimos a classe de equivalência de a por:
>
> $\bar{a} = \{x \in A \mid x \sim a\}$

Observe que $a \in \bar{a}$, pois, como R é reflexiva, temos que $a \sim a$. Assim, todo elemento do conjunto A pertence a uma classe de equivalência. Por outro lado, dados $a, b \in A$, temos que $\bar{a} = \bar{b}$ ou $\bar{a} \cap \bar{b} = \emptyset$. De fato, suponhamos que exista $c \in \bar{a} \cap \bar{b}$, então, $c \sim a$ e $c \sim b$. Como R é simétrica, temos que $a \sim c$

e b~c. Agora, pela transitividade de R, podemos concluir que a~b (pois temos a~c e c~b) e b~a (pois temos b~c e c~a). Portanto, a ∈ $\bar{b}$ e b ∈ $\bar{a}$. Assim, se x ∈ $\bar{a}$, temos que x~a e, como a~b, segue, pela transitividade de R, que x~b. Logo, x ∈ $\bar{b}$. De modo análogo, podemos mostrar que, se x ∈ $\bar{b}$, então x ∈ $\bar{a}$. Portanto, $\bar{a} = \bar{b}$.

Exemplo 4.9

Seja A = {0, 1, 2, 3, 4, 5, 6, 7, 8, 9, 10} e R a relação definida por x~y ⇔ x − y é par. Vamos verificar que essa é uma relação de equivalência:

I. Reflexiva: x − x = 0 é par, logo, x~x para todo x ∈ A.

II. Simétrica: se x~y, então x − y é par, isto é, x − y = 2 · k, k ∈ $\mathbb{Z}$. Assim, y − x = 2 · (−k). Logo, y − x é par, ou seja, y~x.

III. Transitiva: suponhamos x~y e y~z. Então, x − y = 2 · k_1 e y − z = 2 · k_2, com $k_1, k_2 \in \mathbb{Z}$. Assim, x − z = x − y + y − z = 2 · k_1 + 2 · (−k_2) = 2 · (k_1 − k_2). Logo, x − z é par e, portanto, x~z.

Agora, vamos analisar quais são as classes de equivalência de A em relação à R:

$\bar{0}$ = {0, 2, 4, 6, 8, 10}
$\bar{1}$ = {1, 3, 5, 7, 9}

Veja que, como todos os elementos de A pertencem à $\bar{0}$ ou à $\bar{1}$, essas são as únicas classes de equivalências distintas de A. Assim, temos como partição do conjunto A a Figura 4.2.

Figura 4.2 − Partição de A

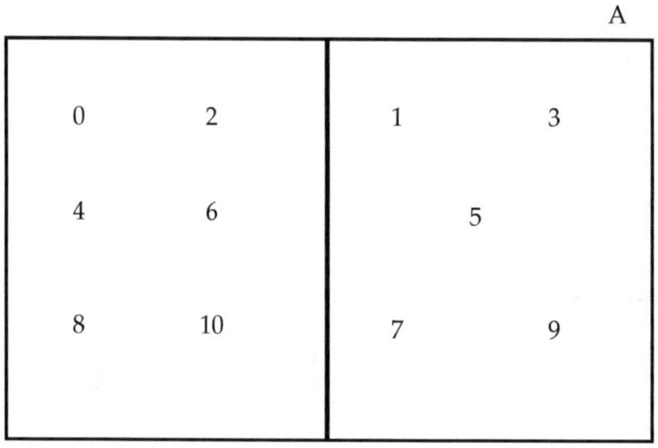

Exemplo 4.10

Consideremos o conjunto dos números inteiros e a relação de equivalência (verifique!) dada por $x \sim y \Leftrightarrow x - y = 5 \cdot k$ para algum $k \in \mathbb{Z}$. Temos cinco classes de equivalência distintas:

1. $\overline{0} = \{0, \pm 5, \pm 10, \pm 15, \ldots\} = \{5 \cdot k \mid k \in \mathbb{Z}\}$
2. $\overline{1} = \{\ldots, -9, -4, 1, 6, 11, \ldots\} = \{5 \cdot k + 1 \mid k \in \mathbb{Z}\}$
3. $\overline{2} = \{\ldots, -8, -3, 2, 7, 12, \ldots\} = \{5 \cdot k + 2 \mid k \in \mathbb{Z}\}$
4. $\overline{3} = \{\ldots, -7, -2, 3, 8, 13, \ldots\} = \{5 \cdot k + 3 \mid k \in \mathbb{Z}\}$
5. $\overline{4} = \{\ldots, -6, -1, 4, 9, 14, \ldots\} = \{5 \cdot k + 4 \mid k \in \mathbb{Z}\}$

Denotamos por $\mathbb{Z}_5$ o conjunto formado pelas classes de equivalência descritas acima: $\mathbb{Z}_5 = \{\overline{0}, \overline{1}, \overline{2}, \overline{3}, \overline{4}\}$.

4.5 Relações de ordem

Se A é um conjunto não vazio e R é uma relação **reflexiva**, **antissimétrica** e **transitiva** em A, então dizemos que a relação R é uma *relação de ordem*. Nesse caso, denotamos $x \preccurlyeq y$ para dizer que x se relaciona a y, isto é, se R é uma relação de ordem e $(x, y) \in \mathbb{R}$, então escrevemos $x \preccurlyeq y$. A relação de ordem usual ($\leq$) dos conjuntos numéricos estudada na seção 2.4 cumpre essas três propriedades.

Exemplo 4.11

Considere a relação de ordem usual "é menor ou igual" ($\leq$) do conjunto dos números reais. Temos que:

  I. Para todo $a \in \mathbb{R}$, temos que $a \leq a$. Logo, a relação é reflexiva.
  II. Se a e b são números reais tais que $a \leq b$ e $b \leq a$, então, necessariamente, $a = b$. Portanto, a relação é antissimétrica.
  III. Dados três números reais a, b e c tais que $a \leq b$ e $b \leq c$, segue que $a \leq c$. Isso significa que a relação é transitiva.

A relação de ordem estrita ($<$) não é uma relação de ordem, pois não tem a propriedade reflexiva, como podemos ver no Exemplo 4.9.

Exemplo 4.12

Consideremos um conjunto não vazio X e o seu conjunto de partes $\wp(X)$. A relação de inclusão sobre $\wp(X)$ é uma relação de ordem, pois satisfaz as propriedades:

  I. $A \subseteq A$, para todo $A \in \wp(X)$.
  II. Se $A, B \in \wp(X)$, $A \subseteq B$ e $B \subseteq A$, então $A = B$.
  III. Se $A, B, C \in \wp(X)$, $A \subseteq B$ e $B \subseteq C$, então $A \subseteq C$.

Exemplo 4.13

No conjunto dos números naturais $\mathbb{N}$, a relação "divide" é uma relação de ordem:

I. a | a para todo a ∈ $\mathbb{N}$.
II. Se a, b ∈ $\mathbb{N}$, a | b e b | a, então a = b.
III. Se a, b, c ∈ $\mathbb{N}$, a | b e b | c, então a | c.

Ao trocarmos o conjunto dos números naturais $\mathbb{N}$ pelo conjunto dos números inteiros $\mathbb{Z}$, a relação "divide" não é uma relação de ordem, pois não satisfaz a propriedade de antissimetria, como vimos no Exemplo 4.10.

Síntese

Para uma relação R em um conjunto A não vazio, podemos ter as seguintes propriedades:

Propriedades de uma Relação R em A	
Reflexiva	xRx, ∀ x ∈ A
Simétrica	xRy ⇔ yRx
Antissimétrica	xRy e yRx ⇒ x = y
Transitiva	xRy e yRz ⇒ xRz

Algumas relações recebem nomes especiais de acordo com as propriedades que apresentam. Veja:

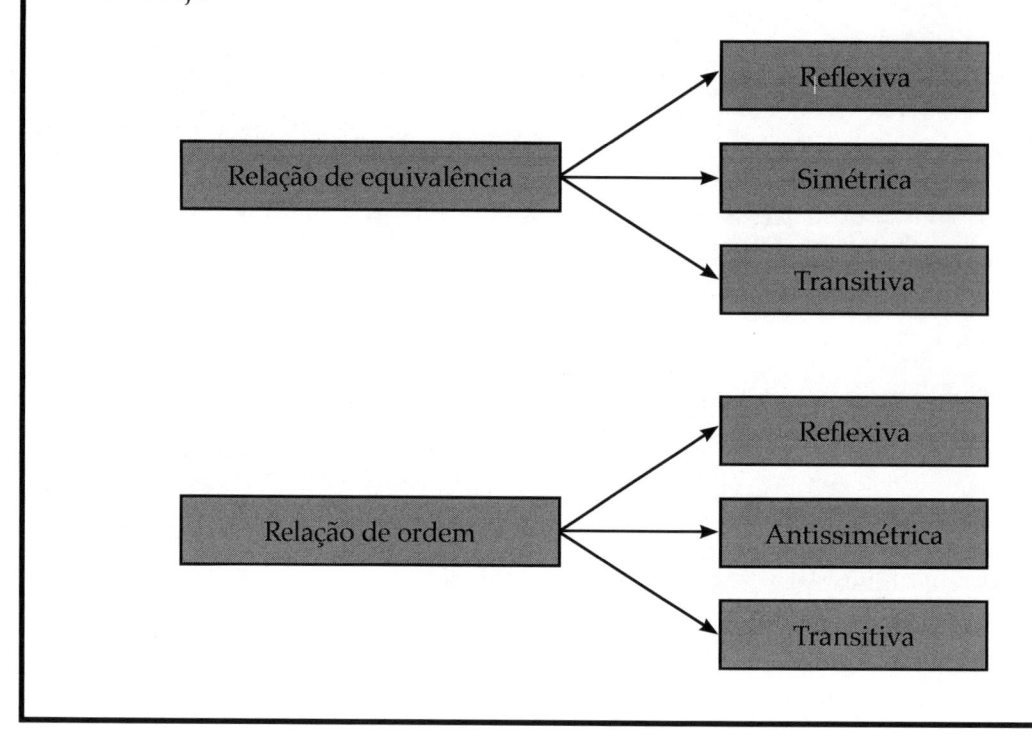

Relação de equivalência → Reflexiva, Simétrica, Transitiva

Relação de ordem → Reflexiva, Antissimétrica, Transitiva

Atividades de autoavaliação

1) Sejam A = {1, 2, 3, 4} e B = {a, b, c}, assinale a alternativa que apresenta uma relação de A em B:
   a. R = {(1, 1), (2, 2), (3, 3), (4, 4)}.
   b. R = {(1, a), (2, b), (2, c), (4, a)}.
   c. R = {(a, 1), (b, 2), (c, 3)}.
   d. R = {(1, a), (a, 1), (2, b), (b, 2)}.
   e. R = {(a, a), (b, b), (c, c)}.

2) Considere o conjunto A = {a, b, c, d} e a seguinte relação:

   R = {(a, a), (a, b), (a, d), (b, a), (c, c), (d, b), (d, d)}.

   Então, a relação inversa de R é dada por:
   a. R^{-1} = {(b, a), (d, a), (a, b), (b, d)}.
   b. R^{-1} = {(a, a), (c, c), (d, d)}.
   c. R^{-1} = {(a, a), (a, b), (b, a), (b, d), (c, c), (d, d), (d, a)}.
   d. R^{-1} = {(a, a), (a, b), (a, d), (b, a), (c, c), (d, b), (d, d)}.
   e. R^{-1} = {(a, a), (b, a), (a, d), (c, c), (b, b), (b, d), (d, d)}.

3) Sejam A = {0, 2, 4, 6, 8} um conjunto e R = {(0, 0), (0, 4), (2, 2), (4, 0), (4, 4), (4, 6), (6, 6), (6, 4), (8, 8)} uma relação em A, marque a alternativa que apresenta corretamente as propriedades de R:
   a. Antissimétrica e transitiva.
   b. Reflexiva, simétrica e transitiva.
   c. Reflexiva e antissimétrica.
   d. Simétrica e transitiva.
   e. Reflexiva e simétrica.

4) Considere a relação de equivalência R = {(1, 1), (1, 2), (2, 2), (2, 1), (3, 3)} do conjunto A = {1, 2, 3}. Em relação às classes de equivalência de A em relação a R, é correto afirmar:
   a. $\bar{1} = \bar{2} = \{1, 2\}$ e $\bar{3} = \{3\}$.
   b. $\bar{1} = \{1\}, \bar{2} = \{2\}$ e $\bar{3} = \{3\}$.
   c. $\bar{1} = \bar{2} = \bar{3} = \{1, 2, 3\}$.
   d. $\bar{1} = \{1, 2\}$ e $\bar{2} = \bar{3} = \{3\}$.
   e. $\bar{1} = \bar{2} = \{3\}$ e $\bar{3} = \{1, 2\}$.

5) Seja A = {◢, ■, ⋈, ⊙}. Dentre as relações em A dadas a seguir, assinale a alternativa que apresenta uma relação de ordem em A:
   a. R = {(◢, ◢), (◢, ■), (■, ■), (■, ◢), (⋈, ⋈), (⊙, ⊙)}.
   b. R = {(◢, ◢), (◢, ■), (■, ■), (■, ⋈), (⋈, ⋈)}.
   c. R = {(◢, ■), (■, ■), (⋈, ⋈), (⊙, ⊙)}.
   d. R = {(◢, ◢), (◢, ■), (■, ■), (■, ⋈), (⋈, ⋈), (⋈, ⊙), (⊙, ⊙)}.
   e. R = {(◢, ■), (■, ⋈), (⋈, ⊙)}.

Atividades de aprendizagem

1) Considere o conjunto dos números reais e a relação R dada por $xRy \Leftrightarrow x-y \in \mathbb{Z}$. Mostre que R é uma relação de equivalência em $\mathbb{R}$.

2) Mostre que em $\mathbb{R}$ a relação $xRy \Leftrightarrow |x-y| \leq 1$ não é transitiva.

3) O conjunto $A = \{x \in \mathbb{Z} \mid 0 < x \leq 10\}$ foi particionado em quatro partes conforme mostra a figura:

Partição do conjunto A

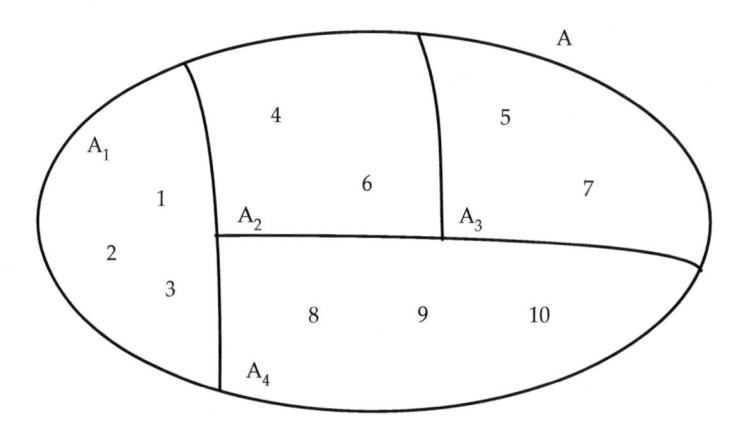

Descreva a relação de equivalência R de A que gera essa partição.

Uma função matemática é uma relação ou uma correspondência entre elementos de dois conjuntos que satisfaz duas propriedades:

1. Condição de existência.
2. Condição de unicidade.

Iniciaremos este capítulo tratando dessas condições e, depois, veremos como expressar visualmente uma função por meio de seu gráfico. Além disso, analisaremos tipos especiais de funções, como: pares, ímpares, injetoras, sobrejetoras e bijetoras. Finalmente, a partir de funções específicas, construiremos novas: a função composição e a função inversa.

5 Funções

5.1 Definição e exemplos

Observe a Tabela 5.1, que mostra o consumo de energia elétrica na Região Sul, em GWh, no primeiro semestre de 2017:

Tabela 5.1 – Consumo de energia elétrica na Região Sul (S) – quantidade – GWh

Data	Consumo – GWh Região Sul
Jan/17	7.281
Fev/17	7.470
Mar/17	7.777
Abr/17	7.255
Maio/17	6.669
Jun/17	6.704

Fonte: Elaborado com base em Ipea, 2018.

Perceba que, se considerarmos os conjuntos A = {Jan/17, Fev/17, Mar/17, Abr/17, Maio/17, Jun/17} e B = $\mathbb{R}^+$, então, a tabela fornece a seguinte relação de A em B: R = {(Jan/17, 7.281), (Fev/17, 7.470), (Mar/17, 7.777), (Abr/17, 7.255), (Maio/17, 6.669), (Jun/17, 6.704)}.

Essa relação tem duas particularidades que nos permitem chamá-la de *função*. Veja que todo elemento de A está relacionado com um elemento de B e essa relação é feita de modo único, ou seja, cada mês do primeiro semestre de 2017 tem um único consumo relacionado a ele.

> **Importante!**
>
> **Definição de *função***
>
> Dados dois conjuntos A e B, dizemos que uma relação R de A em B é uma função se todo elemento de A está relacionado com um único elemento de B. Nesse caso, denotamos a função por f: A → B e dizemos que o conjunto A é o domínio da função, denotado por D(f) e B é o contradomínio da função, denotado por CD(f).

Se a relação R de A em B é uma função, então, denotamos a relação por f: A → B. Além disso, se o par (x, y) pertence à R, usamos a notação f(x) = y.

Se R é uma função f: A → B, então,

xRy ⇔ f(x) = y

Dizemos que y é a imagem de x em relação à função f. O conjunto de todos os elementos de B que são a imagem de algum elemento de A é chamado de *conjunto imagem* da função f.

Im(f) = {y ∈ B | f(x) = y para algum x ∈ A}

Na relação da Tabela 5.1, temos, por exemplo, que 7.281 é a imagem de Jan/17, pois, f(Jan/17) = 7.281. O conjunto imagem dessa função é Im(f) = {6.669, 6.704, 7.255, 7.281, 7.470, 7.777}.

No Capítulo 4, vimos que podemos representar uma relação usando Diagramas de Venn, logo, podemos utilizá-los para representar funções também, mas com uma particularidade: todos os elementos do conjunto domínio da relação deverão ser a origem de uma única flecha. Agora, observe que a função dada no início da sessão tem como contradomínio o conjunto dos números reais não negativos e, por ser infinito, não conseguimos descrever todos os seus elementos para colocar no diagrama.

Vamos considerar uma nova função h utilizando os dados da Tabela 5.1 e o mesmo conjunto A, porém, como contradomínio, vamos considerar o conjunto imagem de f, o qual denotaremos por C, isto é, C = {6.669, 6.704, 7.255, 7.281, 7.470, 7.777}. Então, podemos ilustrar a função h: A → C por meio do seguinte diagrama de Venn:

Figura 5.1 – Diagrama da função h

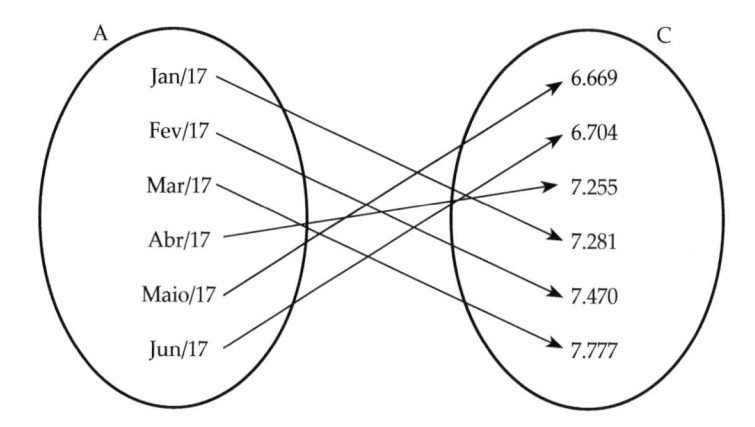

Exemplo 5.1

Sejam os conjuntos A = {1, 2, 3, 4} e B = {5, 6, 7, 8, 9}. Considere a relação R = {(1, 6), (2, 5), (3, 8)} de A em B. A relação R não é uma função, pois o elemento 4 do domínio A da relação não está relacionado a elemento algum do contradomínio B.

Exemplo 5.2
Sejam os conjuntos A = {1, 2, 3, 4} e B = {5, 6, 7, 8, 9}. Considere a relação R = {(1, 6), (2, 5), (2, 9), (3, 8), (4, 7)} de *A* em *B*. Nesse caso, todo elemento de *A* está relacionado a pelo menos um elemento de *B*, porém, temos que o número 2 do domínio está relacionado a dois elementos distintos do conjunto *B*: 5 e 9. Portanto essa relação também não é uma função.

Exemplo 5.3
Sejam os conjuntos A = {1, 2, 3, 4} e B = {5, 6, 7, 8, 9}. Considere a relação R = {(1, 6), (2, 5), (3, 8), (4, 7)} de A em B. Cada elemento do conjunto *A* está relacionado a um único elemento do conjunto *B*. Portanto, essa relação é uma função f: A → B.

Exemplo 5.4
Considere o conjunto dos números reais $\mathbb{R}$ e a relação de igualdade dada por xRy $\Leftrightarrow$ x = y, com R = {(x, x)|x ∈ $\mathbb{R}$}. Veja que, para cada x ∈ $\mathbb{R}$ existe um y ∈ $\mathbb{R}$ tal que xRy, basta tomar y = x. Assim, a primeira condição para que *R* seja uma função é satisfeita. Para verificar a segunda condição, vamos supor que exista x ∈ $\mathbb{R}$ que esteja relacionado a dois elementos, suponhamos y_1 e y_2, isto é, temos xRy_1 e xRy_2. Isso significa que x = y_1 e x = y_2. Logo, temos que $y_1 = y_2$ e, portanto, x não está relacionado a dois elementos distintos. A relação de igualdade em *R* é, portanto, uma função, que recebe o nome de *identidade* e será denotada por I_d: $\mathbb{R} \to \mathbb{R}$.

Observe que, para mostrar que a relação de igualdade de $\mathbb{R}$ em $\mathbb{R}$ é uma função, não usamos nenhuma propriedade dos números reais. Isso significa que, se mudarmos o conjunto $\mathbb{R}$ para outro conjunto qualquer *A*, a relação de igualdade será uma função, a qual denotaremos por I_d: A → A.

Exemplo 5.5
Sejam A = $\mathbb{N}$ e B = $\mathbb{Q}$. Considere a relação *R* entre os conjuntos *A* e *B* dada por: xRy $\Leftrightarrow$ x = $\frac{1}{y}$.
Já vimos que essa relação pode ser escrita como $R = \left\{\left(x, \frac{1}{x}\right) \mid x \in \mathbb{N}\right\}$. Para verificar que *R* é uma função, vejamos primeiro que cada x ∈ $\mathbb{N}$ se relaciona a algum elemento de $\mathbb{Q}$. De fato, como x ≠ 0, tomemos y = $\frac{1}{x}$. Assim, temos que y ∈ $\mathbb{Q}$ e x = $\frac{1}{y}$. Portanto, temos que xRy. Agora, suponhamos que um elemento *x* do domínio se relacione a elementos y_1 e y_2 do contradomínio. Então, temos que x = $\frac{1}{y_1}$ e x = $\frac{1}{y_2}$. Assim, $\frac{1}{y_1} = \frac{1}{y_2}$ e, consequentemente, $y_1 = y_2$. Portanto, essa relação é uma função f: $\mathbb{N} \to \mathbb{Q}$ dada por $f(x) = \frac{1}{x}$. Outra forma de denotar a função é:

$$f: \mathbb{N} \to \mathbb{Q}$$
$$x \to \frac{1}{x}$$

5.2 Gráfico de funções

No Capítulo 2, vimos que o conjunto dos números reais tem uma relação biunívoca com uma reta orientada. Consideremos agora duas retas orientadas de modo que sejam perpendiculares e interceptem-se pela origem. De maneira mais usual, uma das retas será representada na horizontal com sentido positivo para a direita e a outra no sentido vertical, com sentido positivo para cima. A reta horizontal é chamada de *eixo das abscissas* (ou eixo x) e a reta vertical de *eixo das ordenadas* (ou eixo y). Dessa forma, dividimos o plano em quatro quadrantes.

Gráfico 5.1 – Representação do plano cartesiano

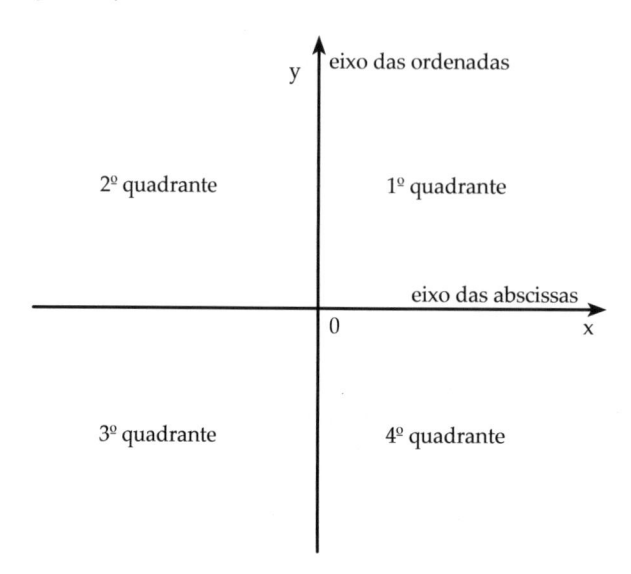

Essa representação é denominada *plano cartesiano* devido, novamente, ao filósofo e matemático francês René Descartes. Por meio desse sistema, podemos representar elementos do produto cartesiano $\mathbb{R} \times \mathbb{R}$. O par ordenado $(x, y) \in \mathbb{R} \times \mathbb{R}$ será chamado de *ponto* e, para representá-lo no plano cartesiano, localizamos a coordenada x (primeira coordenada) no eixo das abscissas e a coordenada y (segunda coordenada) no eixo das ordenadas. Traçamos perpendiculares por esses pontos e a interseção será a representação do ponto (x, y).

Gráfico 5.2 – Representando pontos no plano

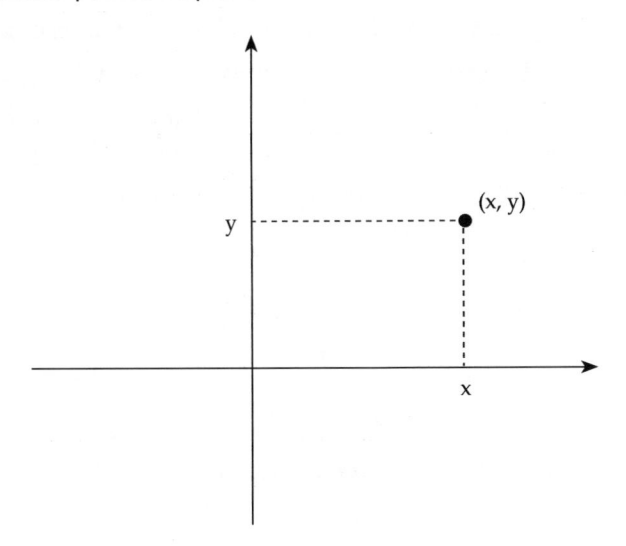

Se o domínio e a imagem de uma relação são subconjuntos do conjunto dos números reais, podemos marcar os pontos dessa relação no plano cartesiano. No entanto, estaremos interessados apenas nos casos em que essas relações são funções. Observe que, com essa restrição, cada reta traçada verticalmente no plano cartesiano não poderá ter mais de um ponto.

Gráfico 5.3 – Relação que não é função

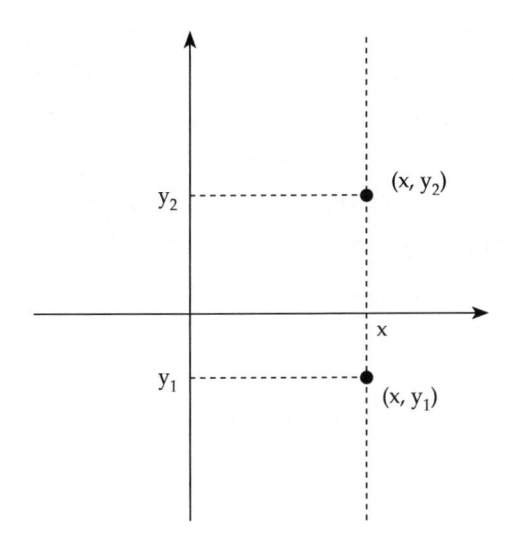

Exemplo 5.6

Vamos representar no plano cartesiano os pontos da função do Exemplo 5.3, onde A = {1, 2, 3, 4}, B = {5, 6, 7, 8, 9} e a função f: A → B é dada pela relação do Gráfico 5.4.

Gráfico 5.4 – Exemplo 5.6

R = {(1, 6), (2, 5), (3, 8), (4, 7)}

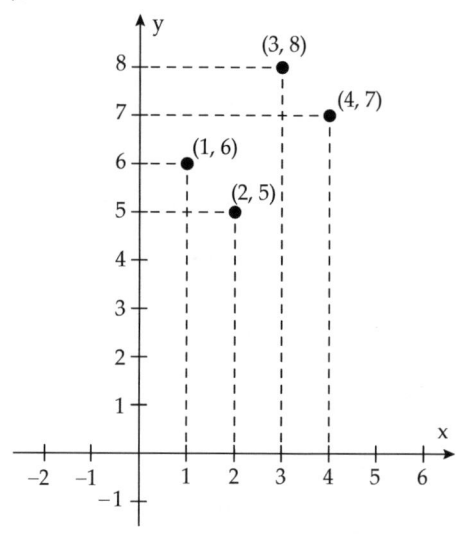

Exemplo 5.7

A função identidade do Exemplo 5.4 é dada pela relação R = {(x, x) | x ∈ $\mathbb{R}$}. Nesse caso, temos infinitos pontos para marcar no gráfico, no entanto, como a segunda coordenada é igual à primeira, todos os pontos da função estarão localizados sobre uma reta que forma um ângulo de 45° com o eixo x e que é chamada de *bissetriz do 1º e 3º quadrantes*. Mais do que isso, todos os pontos da reta representam um ponto da relação. Portanto, o Gráfico 5.5 representa a função identidade do conjunto dos números reais.

Gráfico 5.5 – Função identidade

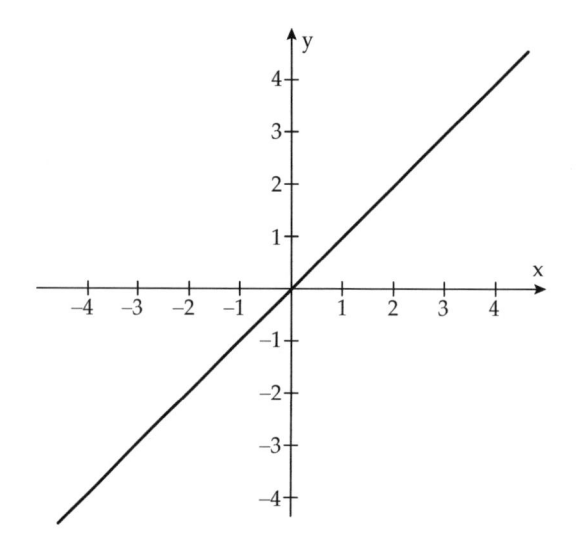

Exemplo 5.8
Consideremos a função f: $\mathbb{N} \to \mathbb{Q}$ do Exemplo 5.5, dada por $R = \left\{\left(x, \dfrac{1}{x}\right) \mid x \in \mathbb{N}\right\}$. Alguns pontos dessa relação são: $(1,1)$, $\left(2, \dfrac{1}{2}\right)$, $\left(3, \dfrac{1}{3}\right)$, $\left(4, \dfrac{1}{4}\right)$ e $\left(5, \dfrac{1}{5}\right)$.

Gráfico 5.6 – Gráfico da função f(x) = 1/x com domínio natural

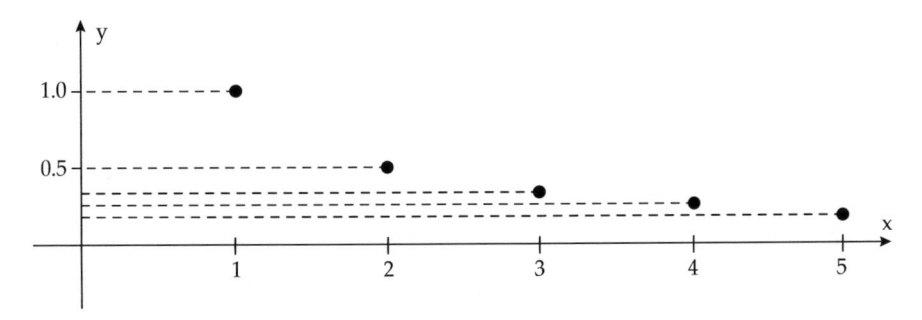

O comportamento das funções influencia diretamente a forma dos seus gráficos. A seguir, veremos algumas características que determinadas funções têm e de que maneira isso se reflete em sua representação gráfica.

5.3 Função par e função ímpar

Dizemos que um objeto tem *simetria axial* ou de *reflexão* quando existe um eixo imaginário que o divide em duas partes exatamente iguais, que podem se sobrepor por reflexão em torno desse eixo. Pensando no gráfico de funções, podemos conjecturar o eixo x ou o eixo y como sendo eixos de simetria de um gráfico. Mas, de acordo com o que vimos anteriormente, o gráfico de uma função não pode ter como eixo de simetria o eixo das abscissas, pois teria duas imagens para um mesmo elemento. Resta pensarmos, então, o eixo y como sendo um eixo de simetria. Porém, os gráficos dos exemplos 5.6, 5.7 e 5.8 não possuem simetria axial. Então, será que existem funções que possuam o eixo das abscissas como sendo o eixo de simetria de seus gráficos?

Exemplo 5.9
Consideremos a função f: $\mathbb{R} \to \mathbb{R}$ dada por $f(x) = |x|$. Então, podemos escrever a função f da seguinte forma:

$$f(x) = \begin{cases} x, & x \geq 0 \\ -x, & x < 0 \end{cases}$$

Para $x \geq 0$, a função f é a função identidade, porém, para $x < 0$, precisamos mudar o sinal de x.

Gráfico 5.7 – Função com simetria axial

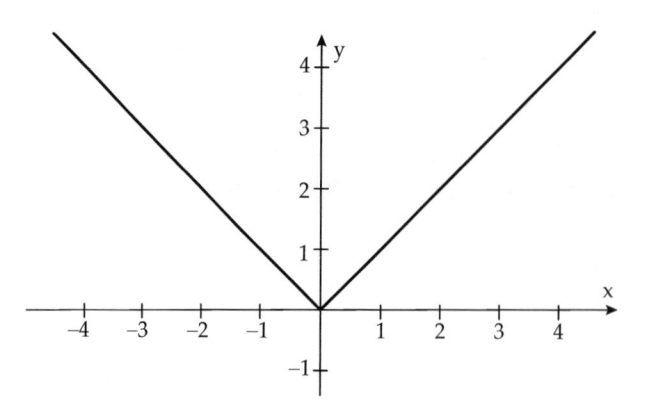

Veja que o eixo y funciona como um espelho da função, o que significa que, se colocarmos um espelho plano sobre o eixo y de forma que o espelho fique perpendicular ao plano cartesiano, então a imagem refletida juntamente com a metade do gráfico formará o gráfico original.

Exemplo 5.10

Suponhamos o Gráfico 5.8 como o de uma função $g: \mathbb{R} \to \mathbb{R}$.

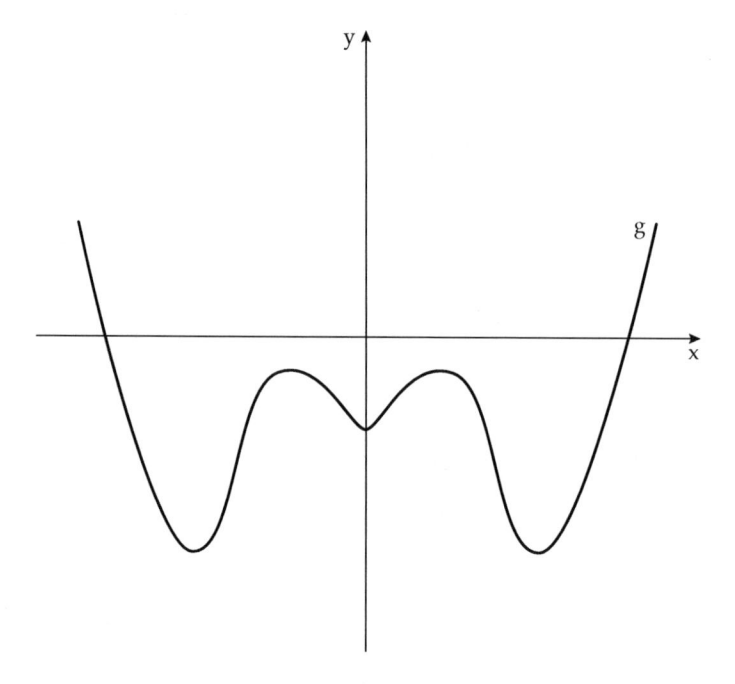

Gráfico 5.8 – Gráfico da função g

Pelo gráfico, podemos ver que a função g tem simetria axial, sendo o eixo das ordenadas, ou eixo y, o seu eixo de simetria.

Suponha agora que você não conhece o gráfico da função, mas conhece a imagem de cada um dos elementos do domínio dela. Será que é possível determinar, dessa forma, se a função possui simetria axial? Observe o Gráfico 5.9 e faça uma relação que permite descobrir se o eixo y é ou não um eixo de simetria da função.

Gráfico 5.9 – Qual a imagem de x e de $-x$?

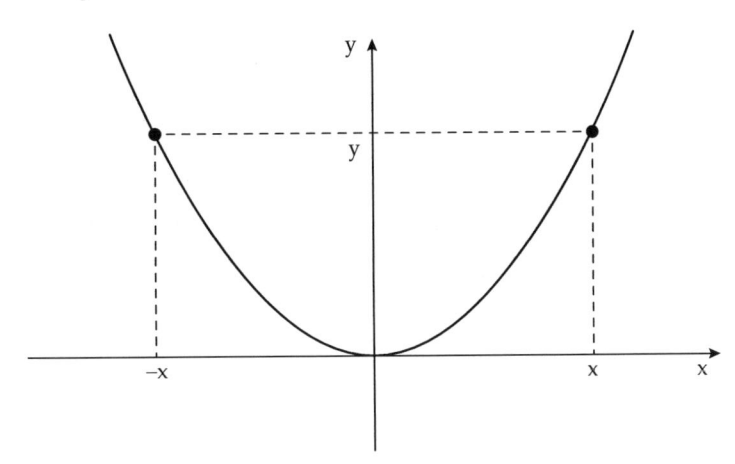

Observe que, para ter simetria axial, é necessário que a imagem de qualquer ponto x do domínio seja a mesma do ponto $-x$, isto é, $f(-x) = y = f(x)$. Sempre que isso acontece, dizemos que a função é uma *função par*.

f é uma função par $\Leftrightarrow$ $f(-x) = f(x)$ para todo $x \in D(f)$.

Exercícios resolvidos

1) Determine se a função $f: \mathbb{R} \to \mathbb{R}$, dada por $f(x) = x^3 + 3$, é par.

   Solução:
   Para isso, vamos calcular $f(-x)$. Temos que:
   $f(-x) = (-x)^3 + 3 = -x^3 + 3$
   Como $f(-x) \neq f(x)$, temos que f não é uma função par.

2) A função $f(x) = x^4 + x^2$ é uma função par?

   Solução:
   Temos que $f(-x) = (-x)^4 + (-x)^2 = x^4 + x^2 = f(x)$. Portanto, a função f é uma função par.
   Ainda em relação ao gráfico de funções, existe outro tipo de simetria: a central, que considera um ponto fixo e, a partir dele, podemos observar se outros dois pontos são simétricos ou não.

Figura 5.2 – Simetria central

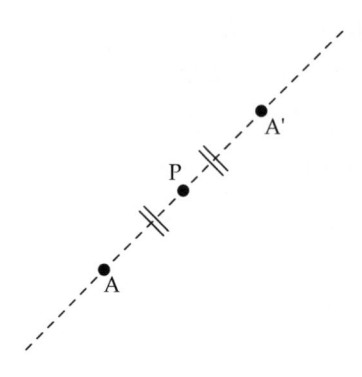

Nesse caso, dizemos que os pontos A e A' são simétricos em relação ao ponto P. No plano cartesiano, podemos observar se os pontos do gráfico de uma função são simétricos em relação à origem.

Exemplo 5.11

Seja g: $\mathbb{R} \to \mathbb{R}$ uma função cujo gráfico é o 5.10.

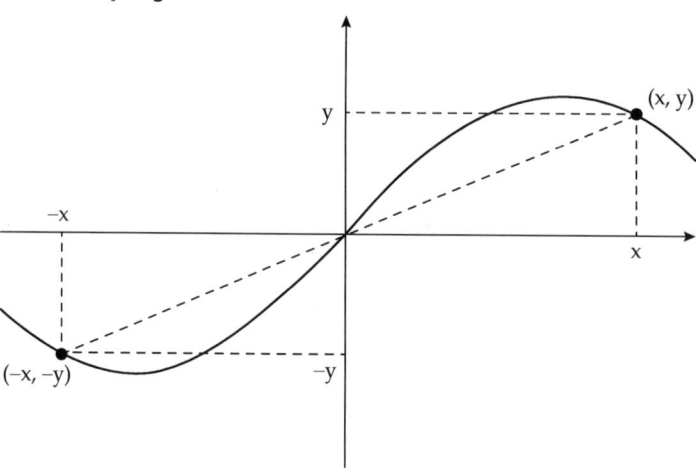

Gráfico 5.10 – Gráfico da função g

Observe que os pontos (x, y) e $(-x, -y)$ são simétricos em relação à origem do sistema para todo $x \in D(f)$ e $y = f(x)$. Portanto, o gráfico de g é simétrico em relação à origem do sistema.

Que relação você pode perceber entre as imagens dos pontos x e $-x$? Nesse caso, veja que as imagens não são iguais, mas opostas, ou seja, $f(-x) = -y = -f(x)$. Toda função que satisfaz essa relação é denominada *função ímpar*.

f é uma função ímpar $\Leftrightarrow f(-x) = -f(x)$ para todo $x \in D(f)$.

Exemplo 5.12

Seja f: $\mathbb{R} \to \mathbb{R}$ dada por $f(x) = x^3 - x$. Para todo $x \in \mathbb{R}$, temos que:

$$f(-x) = (-x)^3 - (-x) = -x^3 + x = -(x^3 - x) = -f(x)$$

Portanto, a função f é uma função ímpar.

Gráfico 5.11 – Gráfico da função $f(x) = x^3 - x$

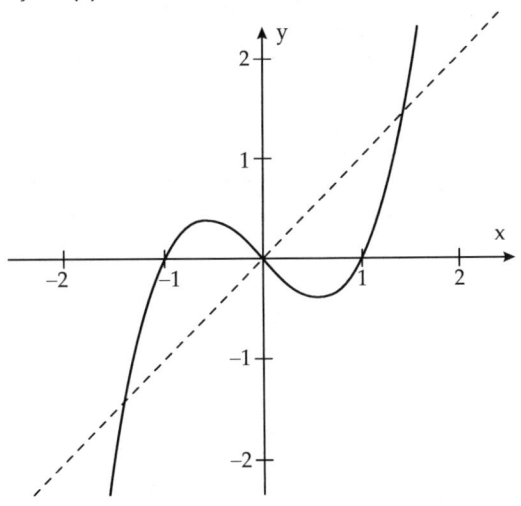

Observe que uma função pode não apresentar nenhuma das duas funções, ou seja, dizer que uma função não é par, não implica que ela seja ímpar e vice-versa. Porém, se uma função apresenta as duas características simultaneamente, ou seja, é par e ímpar, então ela é nula. De fato, para todo $x \in D(f)$, temos:

$$\begin{cases} f(-x) = f(x), & f \text{ é par} \\ f(-x) = -f(x), & f \text{ é ímpar} \end{cases}$$

Assim, temos que: $f(-x)-f(-x) = f(x)-(-f(x))$, ou seja, $0 = f(x) + f(x) = 2f(x)$. Portanto, $f(x) = 0$, isto é, f é uma função nula.

5.4 Funções injetoras e sobrejetoras

Já sabemos que um elemento do domínio de uma função não pode ter duas imagens diferentes, mas um elemento do contradomínio pode ser a imagem de dois elementos distintos do domínio. Por exemplo, se $f(x) = x^2 - x$, temos que $f(2) = 2^2 - 2 = 2$ e $f(-1) = (-1)^2 - (-1) = 1 + 1 = 2$. Assim, 2 é a imagem de -1 e de 2 ao mesmo tempo.

$$f(-1) = 2 = f(2)$$

Nesse momento, estamos interessados em considerar funções nas quais isso não acontece, ou seja, queremos que cada elemento da imagem de f esteja associado à um único elemento do domínio. Essas funções são chamadas *injetoras* (ou *injetivas*).

> **Importante!**
>
> **Mas como descobrir se uma função é injetora ou não?**
>
> Se uma função é injetora, o que acontece se considerarmos que $f(x_1) = f(x_2)$? Nesse caso, não poderemos considerar que os elementos x_1 e x_2 são distintos, pois a função não seria injetora. Portanto, ao supormos que $f(x_1) = f(x_2)$ deveremos ter, necessariamente, que $x_1 = x_2$.
>
> Uma função f é injetora se, e somente se:
>
> $f(x_1) = f(x_2) \Rightarrow x_1 = x_2$

Exemplo 5.13

Seja f: $\mathbb{R} \to \mathbb{R}$ a função dada por $f(x) = 5 \cdot x + 2$. Suponhamos que $f(x_1) = f(x_2)$, então, temos que:

$f(x_1) = f(x_2)$
$5 \cdot x_1 + 2 = 5 \cdot x_2 + 2$
$5 \cdot x_1 = 5 \cdot x_2$
$x_1 = x_2$

Portanto, a função f é injetora.

Exemplo 5.14

Consideremos a função $h(x) = 2 \cdot x^2 - 5$. Então, se $h(x_1) = h(x_2)$, temos que:

$h(x_1) = h(x_2)$
$2 \cdot x_1^2 - 5 = 2 \cdot x_2^2 - 5$
$2x_1^2 = 2x_2^2$
$x_1^2 = x_2^2$
$x_1 = \pm x_2$

Logo, a função h não é injetora.

Será que é possível avaliar se uma função é injetora apenas olhando para o seu gráfico? A resposta é afirmativa. Imagine linhas horizontais traçadas no sistema cartesiano. O que deve acontecer entre essas linhas e o gráfico de uma função injetora? Se cada ponto da imagem deve estar relacionado com apenas um ponto do domínio, então essas retas devem cruzar apenas uma (ou nenhuma) vez o gráfico da função. Perceba que, agora, temos dois testes com linhas imaginárias: o teste das linhas verticais e o teste das linhas horizontais.

Gráfico 5.12 – Teste das linhas verticais

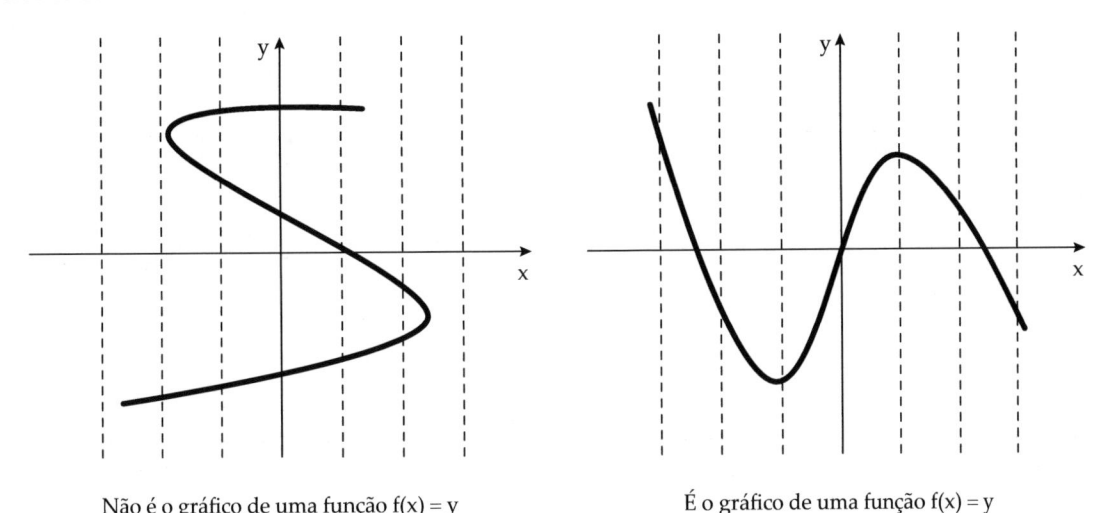

Não é o gráfico de uma função f(x) = y

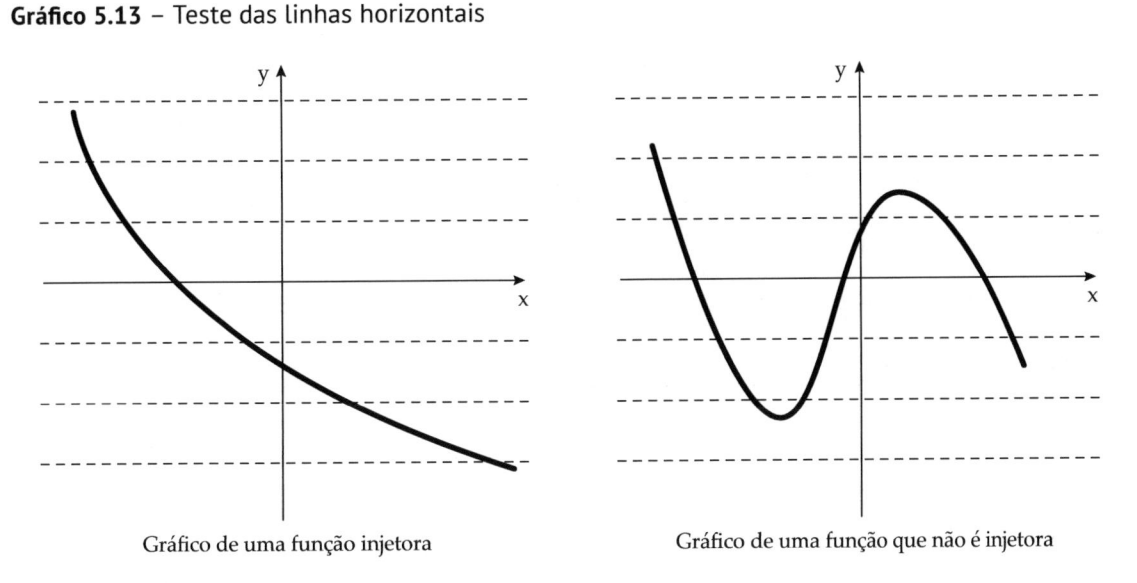

É o gráfico de uma função f(x) = y

Gráfico 5.13 – Teste das linhas horizontais

Gráfico de uma função injetora

Gráfico de uma função que não é injetora

No início deste capítulo, trabalhamos com uma função f: A → $\mathbb{R}_+$, onde A = {Jan/17, Fev/17, Mar/17, Abr/17, Maio/17, Jun/17} e a relação geradora de f era dada por R = {(Jan/17, 7.281), (Fev/17, 7.470), (Mar/17, 7.777), (Abr/17, 7.255), (Maio/17, 6.669), (Jun/17, 6.704)}. O contradomínio dessa função possui elementos que não estão na imagem de f, por exemplo, não existe um elemento x ∈ A tal que f(x) = 1, isto é, 1 ∉ Im(f). Posteriormente, consideramos uma nova função h: A → C dada pela mesma relação, porém, C = Im(f). Assim, a imagem da função h é igual ao seu contradomínio C. Quando isso acontece, dizemos que a função é *sobrejetora* (ou *sobrejetiva*).

Dada uma função f: A → B, dizemos que f é sobrejetora se Im(f) = B.

Exemplo 5.15

Se f: $\mathbb{R} \to \mathbb{R}$ é dada por f(x) = x^2, então, f não é sobrejetora, pois temos, por exemplo, que $-1 \in \mathbb{R}$, mas não existe x $\in \mathbb{R}$ tal que $-1 = x^2 = $ f(x). Assim, a função f não é sobrejetora. Agora, se g: $\mathbb{R} \to \mathbb{R}_+$ é dada por g(x) = x^2, então, g é sobrejetora, pois, para todo elemento y $\in \mathbb{R}_+$, existe x = $\sqrt{y}$ tal que $g(x) = g(\sqrt{y}) = (\sqrt{y})^2 = y$, ou seja, y $\in$ Im(f).

A função g: $\mathbb{R} \to \mathbb{R}_+$ dada por g(x) = x^2 é sobrejetora, como vimos no Exemplo 5.15. No entanto, ela não é injetora, pois g(–1) = 1 = g(1). Mas, se restringirmos o domínio dela, podemos obter uma função que é simultaneamente injetora e sobrejetora. Consideremos a função h: $\mathbb{R}_+ \to \mathbb{R}_+$ dada por h(x) = x^2. A função h assim definida possui as duas propriedades: injetividade e sobrejetividade. As funções que têm essas duas propriedades simultaneamente são chamadas *bijetoras* (ou *bijetivas*).

Seja f uma função. Então:

f bijetora $\Leftrightarrow f$ é injetora e sobrejetora.

Exemplo 5.16

A função identidade I_d: $\mathbb{R} \to \mathbb{R}$ é uma função bijetora. De fato:

I. Injetora

Se $I_d(x_1) = I_d(x_2)$, então, $x_1 = x_2$.

II. Sobrejetora

Seja y $\in \mathbb{R}$, então, tomando x = y, temos que x $\in \mathbb{R}$ e $I_d(x) = x = y$, isto é, y $\in$ Im(I_d).

5.5 Composição de funções

Vamos supor que uma empresa decidiu dar R$ 100,00 de aumento para todos os seus funcionários em dezembro de 2016, independentemente do salário que cada funcionário recebia. Então, se denotarmos por f a função que determina quanto cada funcionário passou a receber depois do aumento e por x o salário inicial, em reais, de cada funcionário, teremos que f(x) = x + 100, ou seja, se o funcionário recebia R$ x, seu novo salário é de R$ (x + 100). Porém, na virada do ano, a empresa deslanchou no mercado e decidiu dobrar o salário de seus funcionários em março de 2017. Vamos denotar essa nova função por g. Assim, se o funcionário recebia x reais, passou a receber g(x) = 2 · x reais. Antônio recebia, em novembro de 2016, R$ 1.500. Quanto ele passou a receber em março de 2017?

Após o primeiro aumento:

f(1 500) = 1 500 + 100 = 1 600

Em dezembro de 2016, Antônio passou a receber R$ 1.600.

Após o segundo aumento:

$$g(1\,600) = 2 \cdot 1\,600 = 3\,200$$

Portanto, em março de 2017, Antônio passou a receber R$ 3.200.

Veja que utilizamos duas funções para determinar o salário dos funcionários após os dois aumentos recebidos. No entanto, se quisermos calcular o salário final dos funcionários, podemos utilizar uma única função, que chamaremos de h. Assim, se x representa o valor inicial, deveremos calcular $x + 100$ e, depois, multiplicar esse valor por 2. A função h pode, então, ser expressa por:

$$h(x) = 2 \cdot (x + 100)$$

A função h é uma combinação das funções g e f, chamada de *composição de funções*. Perceba que, primeiro, calculamos f e depois calculamos g utilizando o valor de f, ou seja:

$$h(x) = g(f(x))$$

Nesse caso, denotamos: $h = g \circ f$.

Voltando ao exemplo de Antônio, para calcular quanto ele passou a receber depois do aumento, calculamos:

$$h(1\,500) = 2 \cdot (1\,500 + 100) = 2 \cdot 1\,600 = 3\,200$$

Temos, então, duas formas de calcular esse salário.

Figura 5.3 – Salário de Antônio

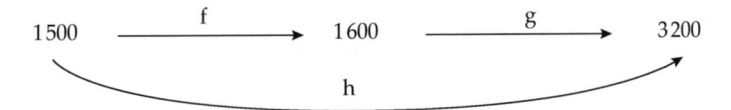

$$1\,500 \xrightarrow{f} 1\,600 \xrightarrow{g} 3\,200$$

$$\underset{h}{\longrightarrow}$$

Em geral, dadas duas funções $f: A \to B$ e $g: \text{Im}(f) \to C$, podemos construir uma terceira função $h: A \to C$, denominada *composição* de f com g, dada por $h(x) = g(f(x))$ e denotada por $h = g \circ f$ (lê-se "g bola f"). Observe que a imagem de f precisa estar contida no domínio da função g para que a função h possa ser calculada, isto é, não é necessário que o domínio da função g seja exatamente a imagem de f, mas precisamos ter que $\text{Im}(f) \subset D(g)$.

> **Importante!**
> **Mas como descobrir se uma função é injetora ou não?**
>
> Dadas duas funções f: A → B e g: D → C com Im(f) ⊂ D, então, a composição de f e g é a função g ∘ f: A → C dada por:
>
> (g ∘ f)(x) = g(f(x))

Exemplo 5.17

Sejam f(x) = 3 · x + 1 e g(x) = x^2. A composição g ∘ f é dada por:

$$(g \circ f)(x) = g(3 \cdot x + 1) = (3 \cdot x + 1)^2 = 9 \cdot x^2 + 6 \cdot x + 1$$

Por outro lado, a composição f · g é dada por:

$$(f \circ g)(x) = f(x^2) = 3 \cdot x^2 + 1$$

Perceba que as composições g ∘ f e f ∘ g são, em geral, diferentes. Nesse caso, as duas composições existem porque o domínio de cada uma delas é todo o conjunto dos números reais.

Exemplo 5.18

Sejam f(x) = 3 · x + 1 e g(x) = $\sqrt{x}$. A composição f ∘ g é dada por:

$$(f \circ g)(x) = f(g(x)) = f(\sqrt{x}) = 3 \cdot \sqrt{x} + 1$$

Observe que o domínio da função g é $\mathbb{R}_+$, portanto, o domínio da composta f ∘ g também é $\mathbb{R}_+$ e, assim, a composição está bem definida.

Agora, se desejássemos obter a composição g ∘ f, teríamos:

$$(g \circ f)(x) = g(3 \cdot x + 1) = \sqrt{3 \cdot x + 1}$$

Como o domínio da função f é $\mathbb{R}$, então, o domínio da composta g ∘ f também seria todo o conjunto dos números reais. Porém, a função composta não estaria bem definida. Por exemplo, (g ∘ f)(−1) = $\sqrt{3 \cdot (-1) + 1}$ = $\sqrt{-2}$ que não é um número real. Assim, para que essa composição seja possível, precisamos restringir o domínio da função f de modo que sua imagem seja $\mathbb{R}_+$:

$$3 \cdot x + 1 \geq 0$$
$$3 \cdot x \geq -1$$
$$x \geq -\frac{1}{3}$$

Sejam A = $\left\{x \in \mathbb{R} \mid x \geq -\dfrac{1}{3}\right\}$, f: A → $\mathbb{R}$ dada por f(x) = 3 · x + 1 e g: $\mathbb{R}$ → $\mathbb{R}$ dada por g(x) = $\sqrt{x}$. Então, a composição de f com g é a função g ∘ f: A → $\mathbb{R}$, dada por (g ∘ f)(x) = g(f(x)) = g(3 · x + 1) = $\sqrt{3 \cdot x + 1}$.

5.6 Função inversa

Dados os conjuntos A = {1, 2, 3}, B = {a, b} e C = {x, y, z}, consideremos as relações R_1 de A em B e R_2 de B em C dadas por: R_1 = {(1, b), (2, b), (3, a)} e R_2 = {(a, y), (b, x)}. Tanto R_1 quanto R_2 são funções. Mas o que acontece com as relações inversas R_1^{-1} e R_2^{-1}?

Figura 5.4 – Relação R_1 e sua inversa

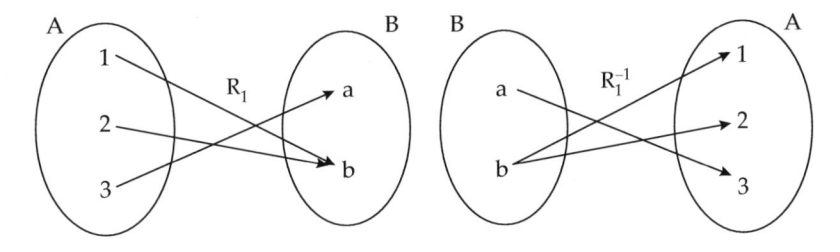

Figura 5.5 – Relação R_2 e sua inversa

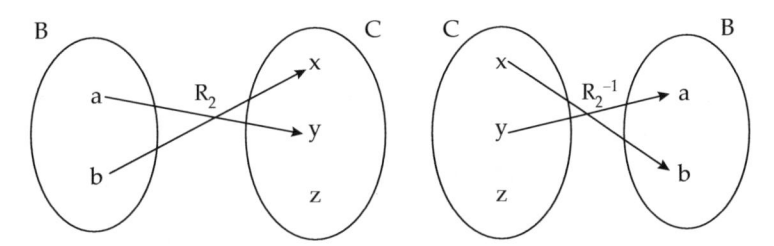

Nas figuras, podemos ver que R_1^{-1} e R_2^{-1} não são funções. R_1^{-1} não é função porque o elemento b tem duas imagens e R_2^{-1} não é função porque o elemento z não se relaciona com elemento algum. Quais condições precisamos ter sobre uma relação que é uma função para que a sua inversa também seja uma função? Primeiro, precisamos pedir que a relação seja injetora, pois assim os elementos da relação inversa não se relacionarão com dois elementos. Segundo, precisamos pedir que a relação seja sobrejetora para que todos os elementos do domínio da relação inversa se relacionem a algum elemento. Portanto, quando uma relação é uma função bijetora f, a sua inversa é uma função que denotaremos por f^{-1} e chamaremos de *função inversa da função f*. Observe ainda que, se a função inversa está definida, temos que $f^{-1}(y) = x \Leftrightarrow f(x) = y$.

> **Importante!**
> Se f: A → B é uma função bijetora, então existe a função inversa de f, denotada por f^{-1}, definida da seguinte forma:
>
> $f^{-1}: B \to A$
> $f^{-1}(y) = x \Leftrightarrow f(x) = y$

Observe que a função inversa f^{-1} também é bijetora e podemos fazer as composições f ∘ f^{-1} e f^{-1} ∘ f. Ambos os casos fornecem a função identidade, porém, em relação à conjuntos diferentes. A composição f ∘ f^{-1}: B → B é a função identidade do conjunto B:

$$(f \circ f^{-1})(y) = f(f^{-1}(y)) = f(x) = y$$

Isso ocorre para todo y ∈ B com f(x) = y.
A composição f^{-1} ∘ f: A → A é a função identidade do conjunto A:

$$(f^{-1} \circ f)(x = f^{-1}(f(x)) = f^{-1}(y) = x$$

Isso ocorre para todo x ∈ A com f(x) = y.

Um elemento interessante de observarmos é o comportamento do gráfico da função inversa f^{-1} em relação à função f. Se f(x) = y, então, o ponto (x, y) pertence ao gráfico de f. Por outro lado, o ponto (y, x) pertence ao gráfico de f^{-1}.

Gráfico 5.14 – Pontos inversos

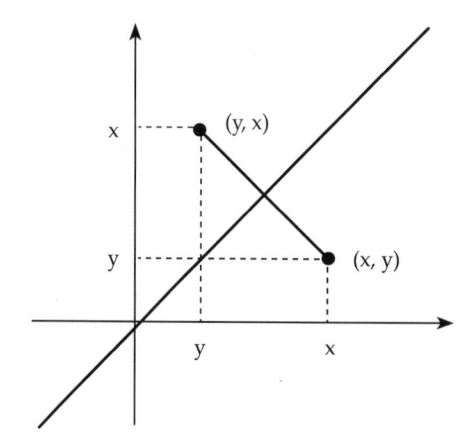

Importante!

Observe que os pontos (x, y) e (y, x) são simétricos em relação à reta que forma 45° com o eixo x no sentido positivo, isto é, em relação à bissetriz do 1º e 3º quadrantes. Assim, podemos traçar o gráfico de f^{-1} se conhecermos o gráfico de f. O Gráfico 5.15 mostra uma função f e sua respectiva inversa f^{-1}.

Gráfico 5.15 – Gráfico da função inversa

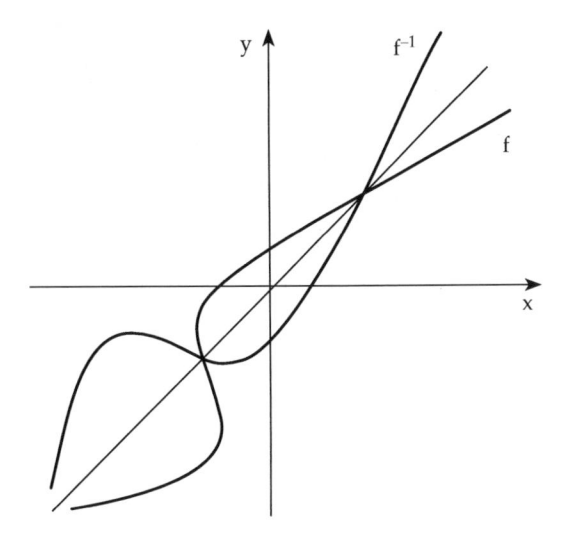

Exemplo 5.19

A função f(x) = 2 · x + 3 é uma função bijetora, pois é injetora e sobrejetora (Verifique!). Logo, tem inversa. Vamos fazer passo a passo uma maneira prática de encontrar a inversa de f:

1º Passo:
Chamamos f(x) de y, isto é, y = 2 · x + 3.

2º Passo:
Trocamos as variáveis x e y de lugar ficando com x = 2 · y + 3.

3º Passo:
Isolamos a variável y:

2 · y = x − 3

$y = \dfrac{x - 3}{2}$

4º Passo:

Chamamos y de $f^{-1}(x)$, ou seja, $f^{-1}(x) = \dfrac{x-3}{2}$.

Para confirmar que, de fato, essa função é a inversa de f, podemos fazer as composições $f \circ f^{-1}$ e $f^{-1} \circ f$. Estas deverão ser a função identidade. Faremos a primeira e a segunda ficará como exercício para o leitor.

$$(f \circ f^{-1})(x) = f(f^{-1}(x)) = f\left(\dfrac{x-3}{2}\right) = 2 \cdot \dfrac{x-3}{2} + 3 = x - 3 + 3 = x$$

Exemplo 5.20

A função $f: \mathbb{R} \to \mathbb{R}$, dada por $f(x) = x^2$, não é bijetora, pois não é injetora nem sobrejetora. Logo, f não tem inversa. Porém, se trocarmos os conjuntos domínio e contradomínio da função, podemos ter uma função bijetora e, então, encontrar a sua inversa. Seja $g: \mathbb{R}_+ \to \mathbb{R}_+$ dada por $g(x) = x^2$.

1º Passo:

$y = x^2$

2º Passo:

$x = y^2$

3º Passo:

$\sqrt{x} = y$

4º Passo:

$g^{-1}(x) = \sqrt{x}$

Gráfico 5.16 – Gráfico da função $g: \mathbb{R}_+ \to \mathbb{R}_+$ dada por $g(x) = x^2$r

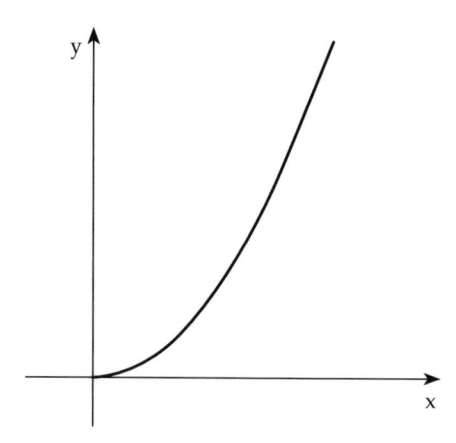

As características de certas funções vistas neste capítulo nos ajudarão a entender o comportamento das funções elementares que trataremos adiante. Essas funções são extremamente

importantes porque modelam os mais variados tipos de fenômenos que acontecem na natureza ou que estão presentes em nosso cotidiano.

Síntese

Na tabela a seguir, veja os principais conceitos sobre funções estudados neste capítulo:

Função par	$f(-x) = f(x)$ para todo $x \in D(f)$
Função ímpar	$f(-x) = -f(x)$ para todo $x \in D(f)$
Função injetora	$f(x_1) = f(x_2) \Rightarrow x_1 = x_2$
Função sobrejetora	$Im(f) = CD(f)$
Função bijetora	injetora + sobrejetora
Composição de funções	$(g \circ f)(x) = g(f(x))$
Função inversa	$f^{-1}(y) = x \Leftrightarrow f(x) = y$

Atividades de autoavaliação

1) Dados os conjuntos $A = \{a, b, c\}$ e $B = \{x, y, z, w\}$, assinale a alternativa cuja relação é uma função de A em B:

a. $R = \{(a, x), (b, y)\}$.
b. $R = \{(a, x), (a, y), (b, z), (c, w)\}$.
c. $R = \{(x, a), (y, b), (z, c)\}$.
d. $R = \{(a, w), (b, z), (c, y)\}$.
e. $R = \{(a, a), (a, x), (x, a), (b, b), (c, c), (x, x)\}$.

2) Dados os conjuntos $A = \{x \in \mathbb{Z} \mid -1 \leq x \leq 3\}$ e $B = \{x \in \mathbb{N} \mid x \text{ é par}\}$, temos que a relação $R = \{(-1, 2), (0, 8), (1, 2), (2, 4), (3, 10)\}$ é uma função f de A em B. Assinale a alternativa que apresenta corretamente o domínio, o contradomínio e a imagem dessa função:

a. $D(f) = A$, $CD(f) = \{2, 4, 6, 8, 10, 12, \ldots\}$, $Im(f) = B$.
b. $D(f) = B$, $CD(f) = A$, $Im(f) = \{2, 4, 8, 10\}$.
c. $D(f) = A$, $CD(f) = \{2, 4, 6, 8, 10, 12, \ldots\}$, $Im(f) = \{2, 4, 8, 10\}$.
d. $D(f) = \{-1, 0, 1, 2, 3\}$, $CD(f) = A$, $Im(f) = B$.
e. $D(f) = B$, $CD(f) = \{2, 4, 6, 8, 10, 12, \ldots\}$, $Im(f) = A$.

3) Analise as afirmativas a seguir marcando-as como verdadeiras (V) ou falsas (F).

( ) A função $f(x) = x^3 + 3x^2$ é uma função ímpar.
( ) A função $f: \mathbb{R} \to \mathbb{R}$ dada por $f(x) = 5x + 5$ é uma função injetora.
( ) Seja $g: \mathbb{R} \to \mathbb{R}$ a função $g(x) = (x + 1)^2$. Então, g é uma função par.
( ) Seja $B = \{x \in \mathbb{R} \mid x \geq 1\}$. Então, a função $f: \mathbb{R}_+ \to B$, dada por $f(x) = \sqrt{x} + 1$, é bijetora.

Agora, assinale a alternativa que corresponde à sequência correta:

a. V, F, V, V.
b. F, V, F, V.
c. F, V, V, V.
d. V, F, F, F.
e. F, V, V, F.

4) Dadas as funções f(x) = 3 · x + 7 e g(x) = –x + 4, encontre a função composta g ∘ f:

a. (g ∘ f)(x) = 2 · x + 3.
b. (g ∘ f)(x) = 4 · x + 3.
c. (g ∘ f)(x) = –3x + 19.
d. (g ∘ f)(x) = 2 · x + 11.
e. (g ∘ f)(x) = –3 · x – 3.

5) Seja f: $\mathbb{R} \to \mathbb{R}$ dada por f = x^3 + 3. Qual é a função inversa de *f*?

a. $f^{-1}: \mathbb{R} \to \mathbb{R}$, $f^{-1}(x) = \sqrt[3]{x - 3}$.
b. $f^{-1}: \mathbb{R} \to \mathbb{R}$, $f^{-1}(x) = \sqrt[3]{x} - 3$.
c. $f^{-1}: \mathbb{R}_+ \to \mathbb{R}$, $f^{-1}(x) = \sqrt[3]{x} - 3$.
d. $f^{-1}: \mathbb{R} \to \mathbb{R}_+$, $f^{-1}(x) = \sqrt[3]{x} - 3$.
e. $f^{-1}: \mathbb{R}_+ \to \mathbb{R}_+$, $f^{-1}(x) = \sqrt[3]{x - 3}$.

Atividades de aprendizagem

1) Verifique se as funções são pares, ímpares ou nenhuma das duas.
    a. f(x) = x^4 + 2 · x^2
    b. f(x) = 3 · x^3 + x^5
    c. f(x) = 2 · x^2 + x

2) Dadas as funções f(x) = 5 · x + 4 e g(x) = 2 · x + k, encontre o valor de *k* que satisfaz a igualdade g ∘ f = f ∘ g.

3) No exercício (5) de autoavaliação encontramos a inversa da função f(x) = x³ + 3. Agora, dado o gráfico da função *f*, desenhe o gráfico da função f⁻¹.

Gráfico da função f(x) = x³ + 3

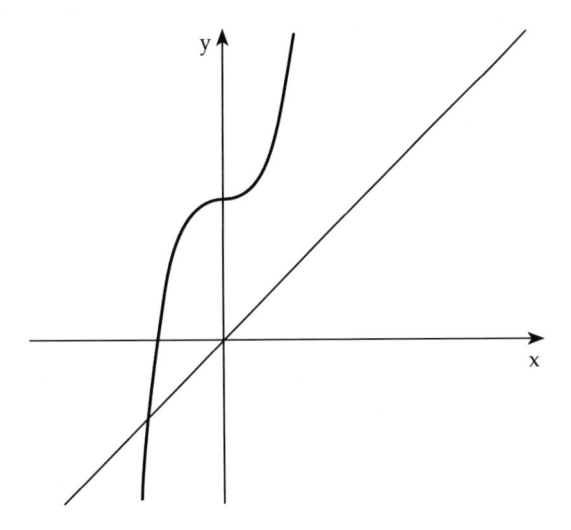

Neste capítulo, estudaremos as funções elementares, que têm fórmula explícita envolvendo adições, subtrações, multiplicações, divisões, potenciações e radiciações. Além disso, analisaremos o comportamento das funções afim, quadráticas, modulares, trigonométricas, exponenciais e logarítmicas.

6
Funções elementares

6.1 Funções polinomiais

Como você deve saber, uma função polinomial é uma função que pode ser expressa por um polinômio de uma única variável (já falamos sobre os polinômios no Capítulo 3). De forma mais precisa, a definição de uma função polinomial é:

> Uma função $f: \mathbb{R} \to \mathbb{R}$ será chamada de *função polinomial* se for a função nula $f(x) = 0$, $\forall x$, ou se puder ser expressa na forma $f(x) = a_0 + a_1 \cdot x + a_2 \cdot x^2 + \cdots + a_{n-1} \cdot x^{n-1} + a_n \cdot x^n$, onde $n \in \mathbb{Z}_+$ e $a_i \in \mathbb{R}$, $i = 0, \ldots, n$, com $a_n \neq 0$.

Observe que, pela definição, uma função constante $f(x) = a$, com $a \neq 0$, é uma função polinomial, pois podemos escrevê-la como $f(x) = a \cdot x^0$.

No capítulo anterior, trabalhamos com várias funções polinomiais. Vimos algumas que são pares, outras que são ímpares e outras ainda que não são nem pares nem ímpares. Também a respeito da injetividade, da sobrejetividade e da bijetividade, trabalhamos com algumas funções polinomiais. É válido mencionar que as funções polinomiais são as mais simples e têm uma gama enorme de aplicações. A posição, a velocidade e a aceleração em função do tempo de um objeto em movimento retilíneo são exemplos funções polinomiais.

Exemplo 6.1

Sabendo que a área de uma circunferência é dada por $\pi \cdot r^2$, onde r é o raio da circunferência, podemos considerar a "função área da circunferência" dada por:

$$A(r) = \pi \cdot r^2$$

Essa é uma função polinomial cuja variável é dada por r, o raio. Para cada raio, temos uma medida de área. O coeficiente principal da função é π. Observe que essa função poderia ser definida para todo número real, no entanto, por se tratar de uma medida de comprimento, vamos considerar a variável não negativa. Nesse caso, temos que $A: \mathbb{R}_+ \to \mathbb{R}$.

> **Importante!**
> Um conceito bastante importante e que utilizaremos em todo este capítulo é o de **zero de uma função**. Dizemos que um número real a ∈ D(f) é um zero da função f se f(a) = 0.

Exemplo 6.2
Consideremos a função $f(x) = x^3 + x^2 - 2 \cdot x$. Temos que:

$f(-2) = (-2)^3 + (-2)^2 - 2 \cdot (-2) = -8 + 4 + 4 = 0$
$f(0) = 0^3 + 0^2 - 2 \cdot 0 = 0$
$f(1) = 1^3 + 1^2 - 2 \cdot 1 = 0$

Portanto, a função f tem três zeros distintos: –2, 0 e 1.

A seguir, estudaremos dois tipos de funções polinomiais: as funções afim e as funções quadráticas.

6.1.1 Funções afim

As **funções afim** são funções polinomiais f: $\mathbb{R} \to \mathbb{R}$ dadas por $f(x) = a \cdot x + b$, onde a, b ∈ $\mathbb{R}$ e a ≠ 0, e sempre possuem exatamente um zero. Desde que a ≠ 0, podemos efetuar o seguinte cálculo:

$$f(x) = 0 \Leftrightarrow a \cdot x + b = 0 \Leftrightarrow a \cdot x = -b \Leftrightarrow x = -\frac{b}{a}.$$

Isso significa que o zero da função é $x = -\frac{b}{a}$.

Exemplo 6.3
A função identidade $I_d(x) = x$ é uma função afim, pois podemos escrevê-la na forma $I_d(x) = 1 \cdot x + 0$. O zero da função identidade é $x = -\frac{0}{1} = 0$. De fato, temos que $I_d(0) = 0$.

Os **gráficos** das funções afim são retas e, por isso, podemos esboçá-los facilmente no sistema cartesiano, basta conhecermos dois pontos que pertencem ao gráfico. Em particular, podemos encontrar os pontos onde o gráfico da função cruza os eixos cartesianos. Para isso, tomamos primeiro, x = 0. Se x = 0, então, temos que $f(0) = a \cdot 0 + b = b$. Portanto, o ponto (0, b) pertence ao gráfico de f. Por outro lado, sabemos que $f\left(-\frac{b}{a}\right) = 0$, pois $x = -\frac{b}{a}$ é zero da função. Logo, o ponto $\left(-\frac{b}{a}, 0\right)$ também pertence ao gráfico da função.

Gráfico 6.1 – Função afim

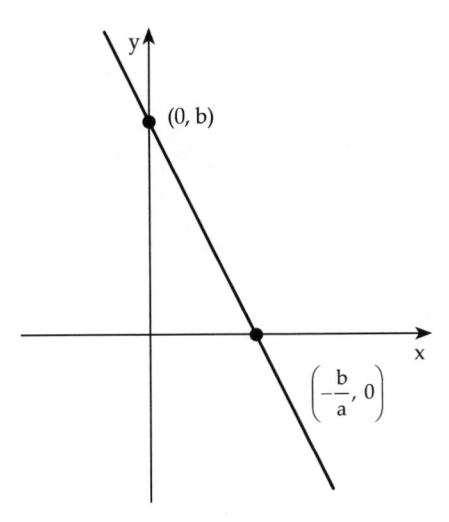

Por sua vez, o coeficiente *a* é denominado *inclinação da reta* e é o seu sinal que determina se o gráfico de *f* formará ângulo agudo ou obtuso com o eixo das abscissas:

- Se a > 0, então, a função é crescente, isto é, à medida que o valor de *x* cresce, os valores correspondentes de *f(x)* também crescem. Nesse caso, o gráfico de *f* fará um ângulo menor do que 90° graus com o eixo *x*.
- Se a < 0, então, a função é decrescente, isto é, à medida que o valor de *x* diminui, os valores correspondentes de f(x) também diminuem. Nesse caso, o gráfico de *f* fará um ângulo maior do que 90° graus com o eixo *x*.

Gráfico 6.2 – Determinação da inclinação da reta – função afim

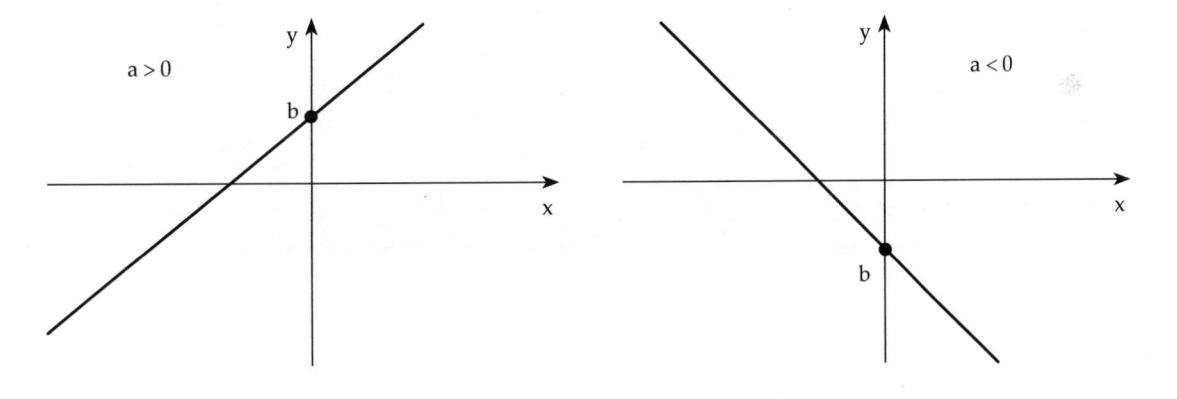

Nos Gráficos 6.1 e 6.2, observe que as funções afim são bijetoras, ou seja, são injetoras e sobrejetoras.

Exemplo 6.4

Seja f: $\mathbb{R} \to \mathbb{R}$ a função afim dada por $f(x) = 2 \cdot x + 4$. Então, $a = 2$ e $b = 4$. Portanto, f é crescente e seu gráfico passa pelos pontos $(0, 4)$ e $\left(-\dfrac{4}{2}, 0\right) = (-2, 0)$.

Gráfico 6.3 – Função $f(x) = 2 \cdot x + 4$

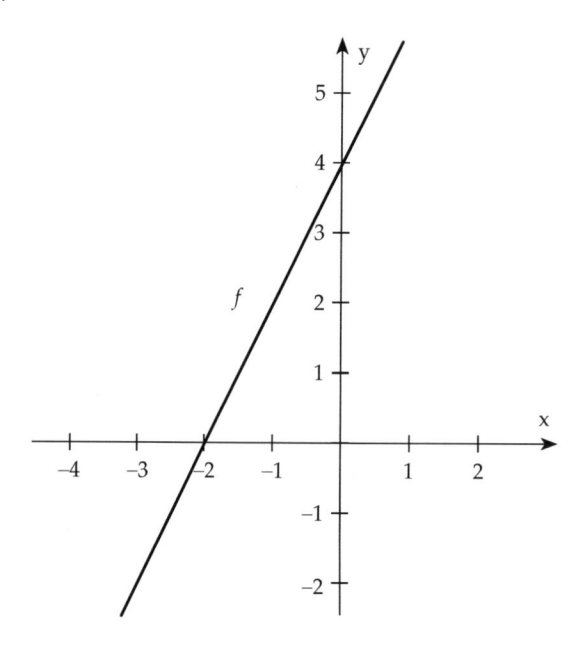

Preste atenção!

Por ser bijetora, sempre existe a função inversa de uma função afim. De fato, se $f(x) = a \cdot x + b$, com $a \neq 0$, então, basta tomar a função dada por $g(x) = \dfrac{x - b}{a}$. Nesse caso, temos que $g = f^{-1}$. Observe que função inversa é também uma função afim: $f^{-1}(x) = \dfrac{1}{a} \cdot x + \dfrac{(-b)}{a}$.

6.1.2 Funções quadráticas

As funções quadráticas são funções polinomiais f: $\mathbb{R} \to \mathbb{R}$ dadas por $f(x) = a \cdot x^2 + b \cdot x + c$, onde $a, b, c \in \mathbb{R}$ e $a \neq 0$. Por sua vez, o gráfico de uma função quadrática é uma curva que denominados *parábola* – curva cônica, ou seja, pode ser obtida pela interseção de um plano com um cone.

Analisaremos algumas características das funções quadráticas olhando para o seu gráfico, por isso, precisamos saber como esboçá-los.

De acordo com o discriminante Δ da equação $a \cdot x^2 + b \cdot x + c = 0$ (veja a seção 3.2), a função quadrática f pode ter nenhum, um ou dois zeros de função.

Se $\Delta < 0$, então a função não possui zeros, logo, o gráfico de f não cruza o eixo x, ou seja, a função será sempre positiva ou sempre negativa. O que irá determinar o sinal da função é o valor de a. Então, se a for maior do que zero, a função será positiva, caso contrário será negativa. Portanto, temos duas possibilidades para os gráficos.

Gráfico 6.4 – Parábolas: $\Delta < 0$

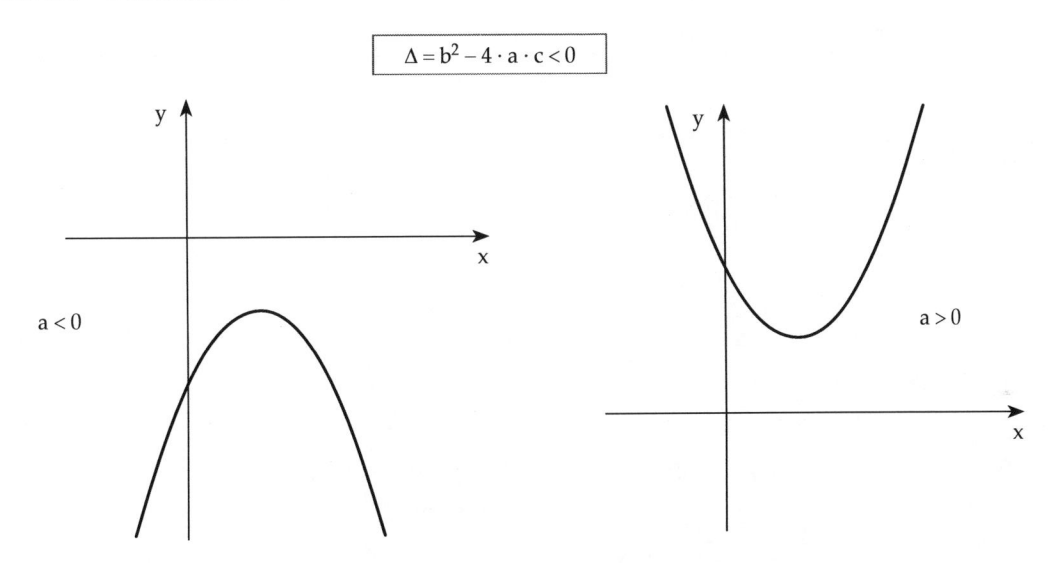

$$\Delta = b^2 - 4 \cdot a \cdot c < 0$$

Se $\Delta = 0$, a função quadrática $f(x) = a \cdot x^2 + b \cdot x + c$ possui apenas um zero, logo, o gráfico de f intercepta o eixo x uma única vez.

Gráfico 6.5 – Parábolas: $\Delta = 0$

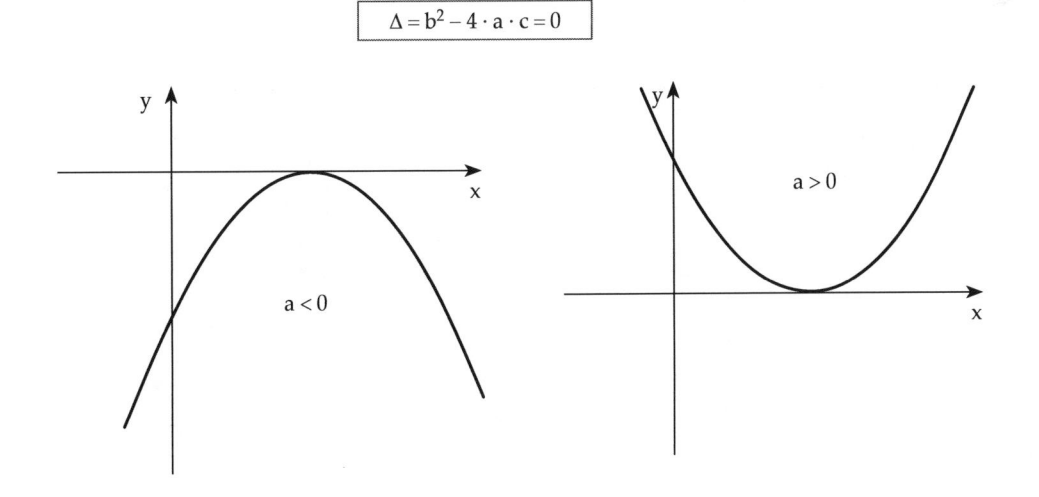

$$\Delta = b^2 - 4 \cdot a \cdot c = 0$$

Se Δ > 0, a função quadrática f(x) = a · x² + b · x + c possui dois zeros, logo, o gráfico de *f* intercepta o eixo *x* duas vezes.

Gráfico 6.6 – Parábolas: Δ > 0

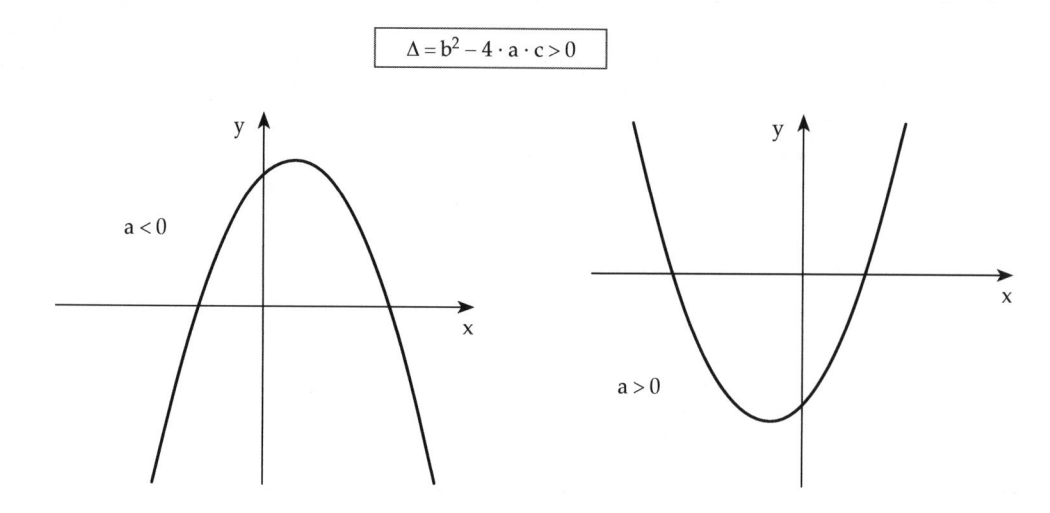

$$\Delta = b^2 - 4 \cdot a \cdot c > 0$$

[Parábola com a < 0, concavidade para baixo, interceptando o eixo x em dois pontos]

[Parábola com a > 0, concavidade para cima, interceptando o eixo x em dois pontos]

Observe os gráficos e perceba que a função quadrática, quando definida em todo o conjunto dos números reais, não é injetora e também não é sobrejetora, e não é inteiramente crescente ou inteiramente decrescente. Para encontrar os intervalos nos quais a função cresce ou decresce, procedemos da mesma forma que fizemos com as inequações do segundo grau, no Capítulo 3.

Além dos pontos que interceptam o eixo *x* (quando existem), podemos encontrar o ponto no qual a parábola intercepta o eixo *y*. Nesse caso, basta tomar x = 0 e calcular y = f(0).

Outro ponto importante da parábola é o seu vértice, ponto onde a função atinge seu valor máximo ou mínimo, denotado por V = (x_V, y_V). Ao traçar uma reta vertical passando por *V*, dividimos a parábola em duas partes iguais, e essa reta é chamada de *eixo de simetria da parábola*. Podemos perceber, então, que, se esse eixo coincidir com o eixo *y*, a função será par. Por outro lado, podemos ver pela sua forma que uma função quadrática nunca é ímpar.

Gráfico 6.7 – Vértice e eixo de simetria

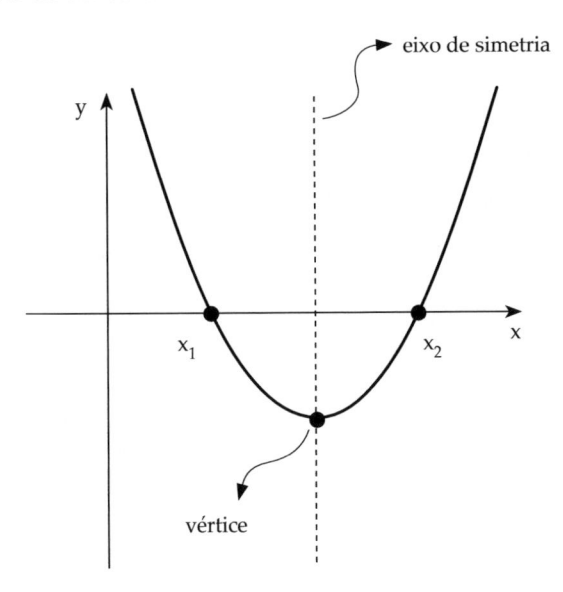

Para finalizar, precisamos encontrar as coordenadas do vértice da parábola. Vamos considerar o caso em que a função possui dois zeros reais distintos: x_1 e x_2. A coordenada x_V é a média aritmética de x_1 e x_2, pois é equidistante deles. Se a função é dada por $f(x) = a \cdot x^2 + b \cdot x + c$, então, pela fórmula de Bhaskara, temos que:

$$x_1 = \frac{-b - \sqrt{\Delta}}{2 \cdot a} \quad e \quad x_2 = \frac{-b + \sqrt{\Delta}}{2 \cdot a}$$

Assim,

$$x_V = \frac{x_1 + x_2}{2} = \frac{\frac{-b - \sqrt{\Delta}}{2 \cdot a} + \frac{-b + \sqrt{\Delta}}{2 \cdot a}}{2} = \frac{-2 \cdot b}{2 \cdot 2 \cdot a} = -\frac{b}{2 \cdot a}$$

Para encontrar y_V, basta calcular o valor da função para $x = x_V$:

$$y_V = f(x_V) = a \cdot \left(-\frac{b}{2 \cdot a}\right)^2 + b \cdot \left(-\frac{b}{2 \cdot a}\right) + c$$

$$y_V = \frac{b^2}{4 \cdot a} - \frac{b^2}{2 \cdot a} + c = \frac{b^2 - 2b^2 + 4 \cdot a \cdot c}{4 \cdot a} = \frac{-b^2 + 4 \cdot a \cdot c}{4 \cdot a}$$

$$y_V = \frac{-\left(b^2 - 4 \cdot a \cdot c\right)}{4 \cdot a} = \frac{-\Delta}{4 \cdot a}$$

Para as funções quadráticas que possuem um zero real, a coordenada x_V do vértice coincide com o zero da função e é calculada da mesma forma que para as funções que têm dois zeros reais distintos (confira!). Agora, se considerar interessante, encontre o vértice de funções que não possuem zeros. Dica: O processo é análogo, mas com a diferença de que os pontos x_1 e x_2 não são zeros da função, são dois pontos aleatórios distintos onde $f(x_1) = f(x_2)$.

> **Importante!**
>
> **Vértice da parábola**
>
> Se $f: \mathbb{R} \to \mathbb{R}$ é uma função quadrática dada por $f(x) = a \cdot x^2 + b \cdot x + c$, então, o vértice da parábola que representa o gráfico de f é dado por:
>
> $$V = \left(-\frac{b}{2 \cdot a}, -\frac{\Delta}{4 \cdot a}\right).$$

Exemplo 6.5

Seja $f(x) = x^2 - 4 \cdot x + 3$. Então, $a = 1$, $b = -4$ e $c = 3$. Logo, os zeros de f são:

$$x = \frac{-b \pm \sqrt{b^2 - 4 \cdot a \cdot c}}{2 \cdot a} = \frac{-(-4) \pm \sqrt{(-4)^2 - 4 \cdot 1 \cdot 3}}{2 \cdot 1} = \frac{4 \pm \sqrt{4}}{2}$$

$$x_1 = \frac{4 - 2}{2} = \frac{2}{2} = 1 \text{ e } x_2 = \frac{4 + 2}{2} = \frac{6}{2} = 3$$

Como f possui dois zeros distintos e $a > 0$, então, a parábola de equação $y = f(x)$ intercepta o eixo x em dois pontos e possui concavidade para cima. O ponto onde a parábola intercepta o eixo y é: $(0, f(0)) = (0, 0^2 - 4 \cdot 0 + 3) = (0,3)$.

O vértice da parábola tem coordenadas:

$$x_V = -\frac{b}{2 \cdot a} = -\frac{(-4)}{2 \cdot 1} = 2$$

$$y_V = -\frac{\Delta}{4 \cdot a} = -\frac{4}{4 \cdot 1} = -1$$

Assim, o gráfico da função f é dado por:

Gráfico 6.8 – Gráfico de $f(x) = x^2 - 4 \cdot x + 3$

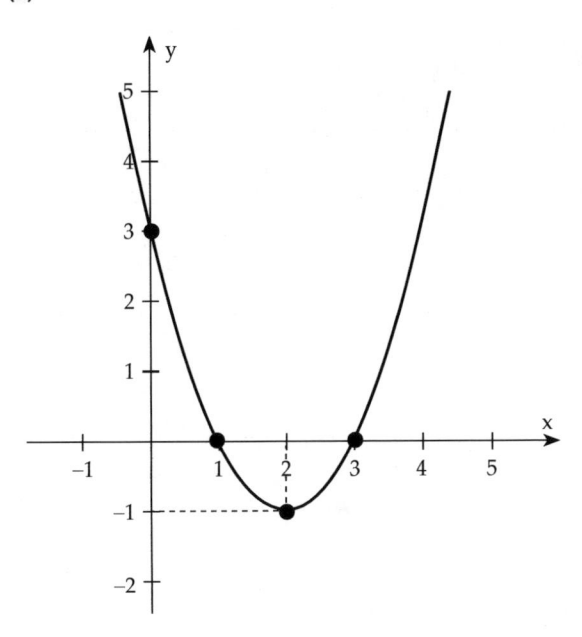

O vértice de uma parábola sempre será o ponto cuja segunda coordenada é o maior ou o menor valor do conjunto imagem da função. Será o maior valor se a concavidade da parábola for para baixo; caso contrário, será o menor valor.

6.2 Funções racionais

Os polinômios, independentemente do grau que têm, podem ser somados, subtraídos ou multiplicados resultando em outro polinômio. Por exemplo, $(2 \cdot x^2 + 3) + (x^5 - x^2) = x^5 + x^2 + 3$. Ou ainda, $(3 \cdot x + 4) \cdot (x^2 - 1) = 3 \cdot x^3 + 4 \cdot x^2 - 3 \cdot x - 4$. Se P(x) e Q(x) são polinômios, então, temos que:

$$\text{grau}(P(x) + Q(x)) \leq \text{grau}(P(x)) + \text{grau}(Q(x))$$
$$\text{grau}(P(x) \cdot Q(x)) = \text{grau}(P(x)) \cdot \text{grau}(Q(x))$$

No entanto, a divisão de polinômios, em geral, não resulta em outro polinômio. Por exemplo, $\dfrac{x+2}{x^2 + 2 \cdot x} = \dfrac{x+2}{x(x+2)} = \dfrac{1}{x} = x^{-1}$ não é um polinômio.

Uma função racional é uma função que pode ser expressa como o quociente de dois polinômios P(x) e Q(x). Se o polinômio do denominador possui raízes reais, então, o domínio da função será restrito aos números reais que não são raízes desse polinômio.

> **Importante!**
> Uma função racional é uma função na forma
> $$f(x) = \frac{P(x)}{Q(x)}$$
> Onde $P(x)$ e $Q(x)$ são polinômios e $D(f) = \{x \in \mathbb{R} \mid Q(x) \neq 0\}$.

Se os polinômios $P(x)$ e $Q(x)$ não têm fatores comuns, então os zeros da função $f(x)$ são as raízes do polinômio $P(x)$, se existirem.

Exemplo 6.6

A função racional $f(x) = \dfrac{1}{x}$ não possui zeros reais, logo, o seu gráfico não intercepta o eixo x. Por outro lado, o domínio da função $f(x)$ é dado por $D(f) = \mathbb{R}^*$, ou seja, x não pode assumir o valor zero. Assim, o gráfico de f também não intercepta o eixo y. Observe essa função no Gráfico 6.9.

Gráfico 6.9 – $f(x) = \dfrac{1}{x}$

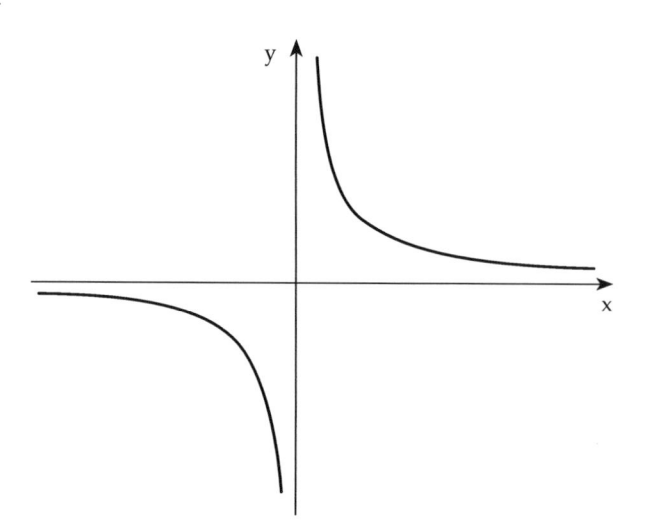

Pequenas variações na função $f(x) = \dfrac{1}{x}$ produzem gráficos bastante semelhantes, diferindo apenas por uma translação vertical ou horizontal.

Exemplo 6.7

A função $g(x) = \dfrac{1}{x-2}$ não possui zeros e, por isso, não intercepta o eixo x. Porém, o domínio da função é dado por $D(g) = \mathbb{R} - \{2\}$, logo, ela está definida para $x = 0$ e, portanto, o seu gráfico intercepta o eixo y no ponto $(0, g(0)) = \left(0, \dfrac{1}{0-2}\right) = \left(0, -\dfrac{1}{2}\right)$. O gráfico de g é análogo ao de f, mas com uma translação de duas unidades para a direita.

Gráfico 6.10 – $g(x) = \dfrac{1}{x-2}$

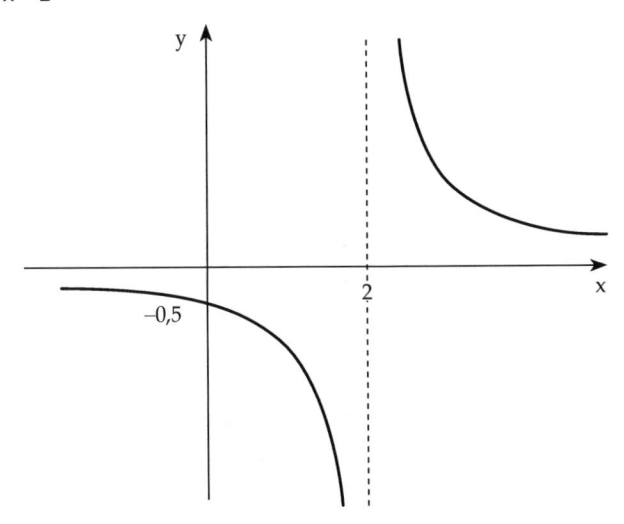

Exemplo 6.8

Seja $h: \mathbb{R}^* \to \mathbb{R}$ a função racional dada por $h(x) = \dfrac{2 \cdot x + 1}{x}$. Usando o algoritmo da divisão para polinômios, podemos escrever a função h como $h(x) = 2 + \dfrac{1}{x}$. Assim, o gráfico de h também se assemelha ao gráfico de f, mas com uma translação de duas unidades para cima.

Gráfico 6.11 – Gráfico da função $h(x) = \dfrac{2 \cdot x + 1}{x}$

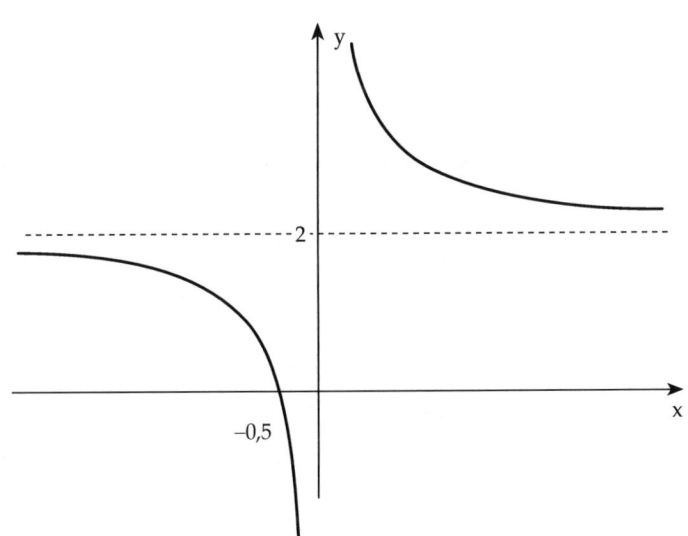

Exemplo 6.9

A função $f(x) = \dfrac{1}{x^2}$ tem domínio $D(f) = \mathbb{R}^*$ e é uma função positiva. Veja o Gráfico 6.12.

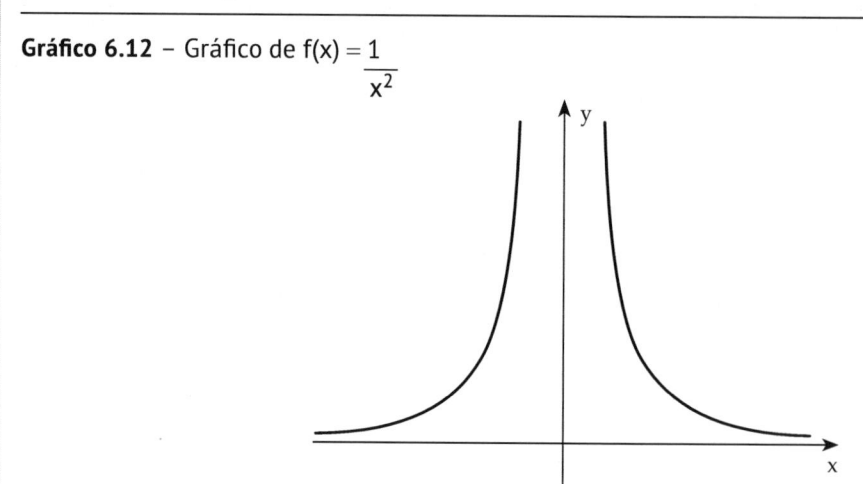

Gráfico 6.12 – Gráfico de $f(x) = \dfrac{1}{x^2}$

Vale ressaltar, ainda, que o gráfico da maioria das funções racionais assumem formas difíceis de serem decifradas sem o uso de ferramentas apropriadas. Com o auxílio de instrumentos como **limites** e **derivadas** – conceitos estudados em um curso de Cálculo Diferencial –, é possível fazermos um esboço bastante fiel do gráfico de funções. Veja o Gráfico 6.13 para verificar como se comporta, por exemplo, a função $f(x) = \dfrac{x^2 - 2}{x^2 - 1}$.

Gráfico 6.13 – $f(x) = \dfrac{x^2 - 2}{x^2 - 1}$

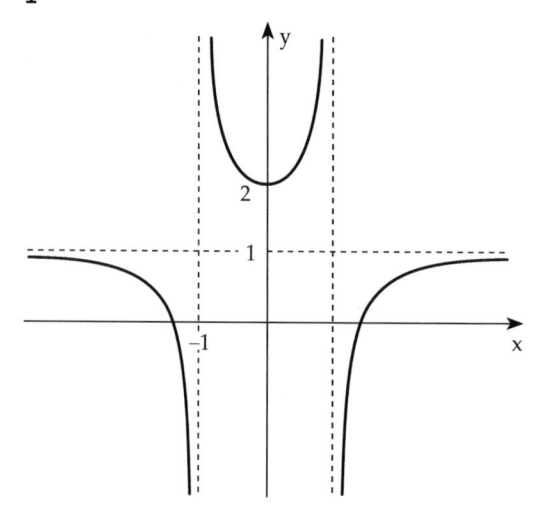

As retas tracejadas que aparecem no gráfico são chamadas de *assíntotas da função*. Elas indicam que o gráfico da função se aproxima cada vez mais delas, porém, sem tocá-las.

6.3 Função modular

Como o próprio nome sugere, uma *função modular* é aquela que possui um módulo na sua expressão. Já sabemos como determinar o módulo de um número real, mas como trabalhar, por exemplo, com o módulo de uma função? Suponhamos que uma função f é o módulo de uma função g, isto é, $f(x) = |g(x)|$. Então, como a função f se comporta? Depende. Para os valores de x onde $g(x)$ é não negativo, a função f é exatamente igual à função g. Porém, para os valores de x onde $g(x)$ assume um valor negativo, a função $f(x)$ assume um valor oposto à função $g(x)$. Veja:

$$f(x) = \begin{cases} g(x), & g(x) \geq 0 \\ -g(x), & g(x) < 0 \end{cases}$$

Desde que o módulo esteja definido para todo número real, o domínio da função modular depende unicamente do domínio da função g.

> **Importante!**
>
> Dizemos que uma função f é uma função modular se ela pode ser escrita na forma:
>
> $f(x) = |g(x)|$
>
> Onde g é uma função com valores reais. Neste caso, $D(f) = D(g)$.

Exemplo 6.10

A função $f(x) = |x|$ está definida para todo número real, ou seja, $D(f) = \mathbb{R}$. Podemos escrevê-la como uma função definida por partes:

$$f(x) = \begin{cases} x, & x \geq 0 \\ -x, & x < 0 \end{cases}$$

Para esboçar o gráfico da função do Exemplo 6.11, observe que, à direita da origem, isto é, para $x \geq 0$, a função f se comporta exatamente como a função identidade. Assim, seu gráfico será uma reta (nesse caso, uma semirreta) que forma um ângulo de 45° com o eixo x no sentido positivo. À esquerda da origem, a função f se comporta como a função $(-x)$.

Gráfico 6.14 – f(x) = |x|

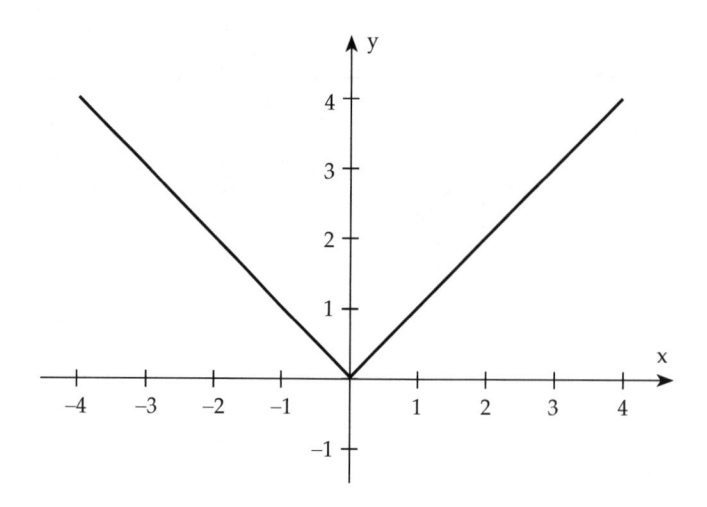

Observe que essa função é uma função par, pois o eixo y é um eixo de simetria do gráfico de f.

Exemplo 6.11

Seja f: $\mathbb{R} \to \mathbb{R}$ a função modular dada por f(x) = |2 · x − 4|. Consideremos a função g(x) = 2 · x − 4. Então, a raiz de g é 2 e g assume valores positivos para x > 2 e valores negativos para x < 2. Assim,

$$f(x) = \begin{cases} 2 \cdot x + 4, & x \geq 2 \\ -2 \cdot x - 4, & x < 2 \end{cases}$$

Gráfico 6.15 – f(x) = |2 · x + 4|

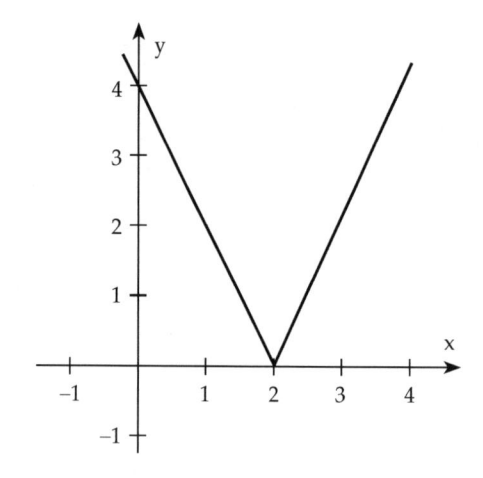

Outra forma de esboçar o gráfico de uma função modular f(x) = |g(x)| é esboçar o gráfico da função g e fazer uma reflexão de 180° em torno do eixo x da sua parte negativa.

Gráfico 6.16 – Gráfico da função modular

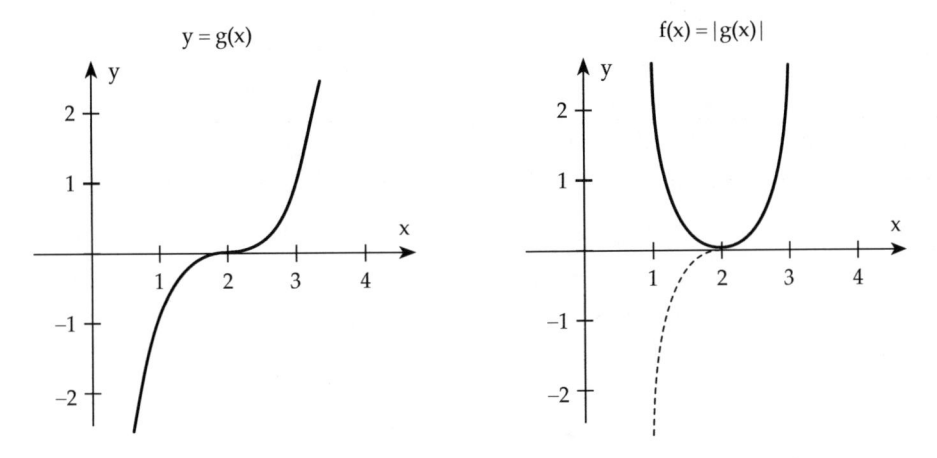

Exemplo 6.12

Para esboçar o gráfico da função modular $f(x) = |x^2 - 2 \cdot x - 1|$, precisamos primeiro esboçar a parábola de equação $y = x^2 - 2 \cdot x - 1$. Em seguida, faremos a reflexão para encontrar o gráfico de f.

Gráfico 6.17 – $f(x) = |x^2 - 2 \cdot x - 1|$

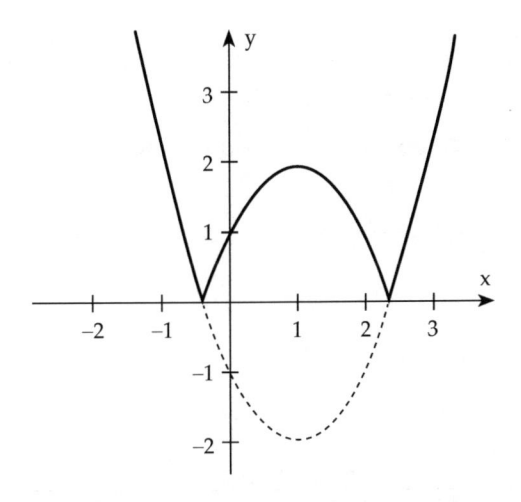

Veja que toda a parte que era negativa na função quadrática y tornou-se positiva para a função f.

6.4 Funções trigonométricas

Em um sistema cartesiano, traçamos uma circunferência de raio um e centro na origem – o ponto $A = (1,0)$ é uma origem (dos arcos). A circunferência fica dividida então, em quatro quadrantes, enumerados no sentido anti-horário a partir de *A*. Logo, definimos o sentido positivo da circunferência ao percorrê-la no sentido anti-horário; o sentido negativo, portanto, será o sentido horário. Chamamos essa circunferência *trigonométrica*.

Para cada número real x associamos um ponto P = P(x) na circunferência, da seguinte maneira: se x = 0, então o ponto *P* coincide com o ponto *A*.

Se x > 0, então, *P* é a extremidade do arco *AP* de medida x unidades de comprimento, marcado no sentido positivo. Se o arco *AP* mede x radianos, o ângulo central *AOP* possui a mesma medida.

Gráfico 6.18 – Circunferência trigonométrica

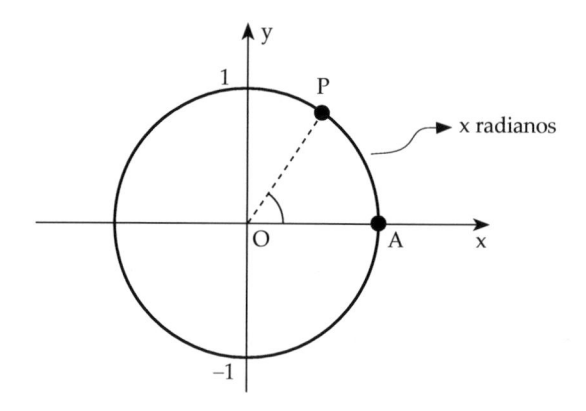

Se x < 0, então, *P* é a extremidade do arco *AP* de medida |x| unidades de comprimento, marcado do sentido negativo.

No Gráfico 6.19, estão marcados os principais pontos positivos da circunferência.

Gráfico 6.19 – Principais arcos trigonométricos

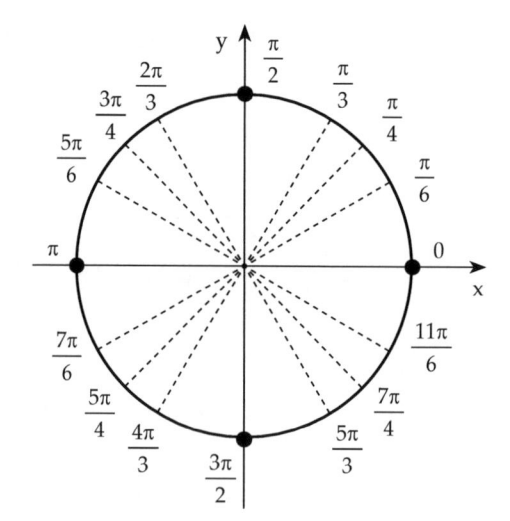

Uma volta completa no círculo trigonométrico corresponde a 2π radianos. Se x for maior do que 2π, inicia-se uma segunda volta na circunferência até que arco tenha medida x. Por exemplo, se $x = \dfrac{9\pi}{2}$, podemos escrever $x = 2\pi + 2\pi + \dfrac{\pi}{2}$. Assim, será necessário dar duas voltas na circunferência e somar mais $\dfrac{\pi}{2}$. Nesse caso, teremos que $P\left(\dfrac{9\pi}{2}\right) = P\left(\dfrac{\pi}{2}\right)$. Perceba que, se o número x, relacionado com o ponto $P(x)$, é tal que $P(x) = P\left(\dfrac{\pi}{2}\right)$, então, x pode ser escrito como $x = \dfrac{\pi}{2} + 2 \cdot k \cdot \pi$, onde $k \in \mathbb{Z}$. Isso vale de maneira geral, ou seja, $P(x) = P(x + 2 \cdot k \cdot \pi)$ para todo $k \in \mathbb{Z}$.

Dado um número real x, definimos as funções $\cos x$, $\operatorname{sen} x$ e $\operatorname{tg} x$ da seguinte forma:

- $\cos x$ é a abscissa do ponto $P(x)$.
- $\operatorname{sen} x$ é a ordenada do ponto $P(x)$.
- $\operatorname{tg}(x) = \dfrac{\operatorname{sen} x}{\cos x}$, sempre que $\cos x \neq 0$.

A seguir, vamos estudar cada uma dessas três funções.

6.4.1 Função cosseno

A função $f: \mathbb{R} \to \mathbb{R}$ dada por $f(x) = \cos x$ associa a cada número real x o valor da abscissa do ponto $P(x)$. Assim, se o ponto $P(x)$ está no primeiro ou no quarto quadrante do círculo trigonométrico, o valor de $f(x)$ é positivo e, se $P(x)$ está no segundo ou terceiro quadrante, o valor de $f(x)$ é negativo.

Gráfico 6.20 – Valor de $\cos x$

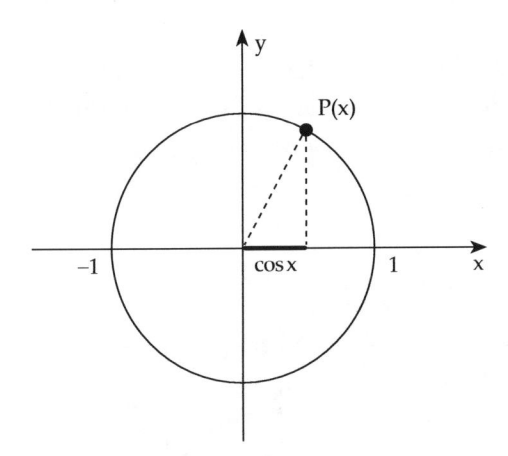

Podemos perceber que o valor de $\cos x$ varia entre -1 e 1, ou seja, $\operatorname{Im}(\cos x) = [-1, 1]$. Além disso, a função cosseno é periódica com período 2π, pois os valores se repetem sempre que uma volta é completada.

Veja alguns valores da função cosseno o Gráfico 6.21. Por exemplo:

- $\cos 0 = 1$, pois $P(0) = (1, 0)$
- $\cos\left(\dfrac{\pi}{2}\right) = 0$, pois $P\left(\dfrac{\pi}{2}\right) = (1, 0)$
- $\cos(\pi) = -1$, pois $P(\pi) = (-1, 0)$
- $\cos\left(\dfrac{3\pi}{2}\right) = 0$, pois $P\left(\dfrac{3\pi}{2}\right) = (0, -1)$

Gráfico 6.21 – função cosseno

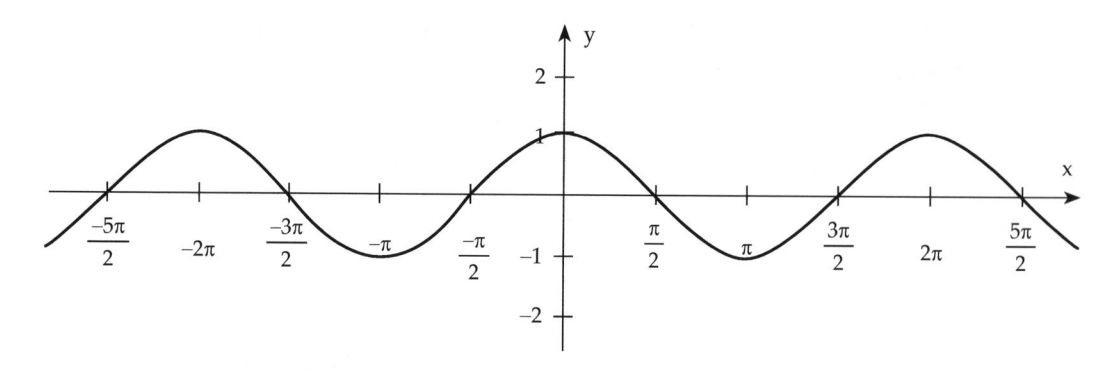

Veja que o eixo y é um eixo de simetria para o gráfico da função cosseno, logo, a função cosseno é uma função par, ou seja, $\cos(x) = \cos(-x)$. Além disso, ela não é uma função injetora, mas é sobrejetora sobre o conjunto $[-1, 1]$ (não sobre $\mathbb{R}$).

6.4.2 Função seno

A função $f: \mathbb{R} \to \mathbb{R}$ dada por $f(x) = \operatorname{sen} x$ associa a cada número real x o valor da ordenada do ponto $P(x)$. Assim, se o ponto $P(x)$ está no primeiro ou no segundo quadrante do círculo trigonométrico, o valor de $f(x)$ é positivo e, se $P(x)$ está no terceiro ou no quarto quadrante, o valor de $f(x)$ é negativo.

Gráfico 6.22 – Valor de sen(x)

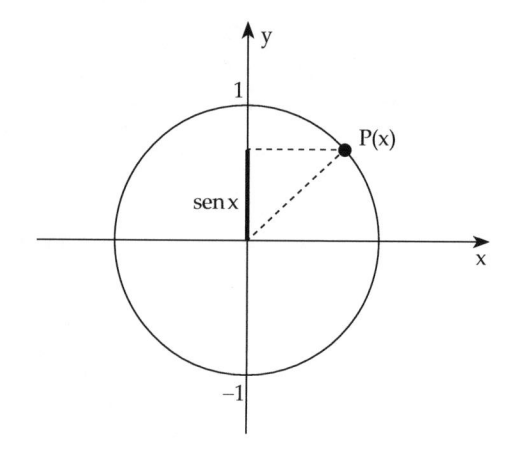

Então, como a função cosseno, a função seno também varia entre –1 e 1, ou seja, Im(sen x) = [–1, 1]. Além disso, a função seno é periódica com período 2π, pois os valores se repetem sempre que uma volta é completada.

Veja, no Gráfico 6.23, alguns valores da função seno. Por exemplo:

- sen 0 = 0, pois P(0) = (1, 0)
- $\text{sen}\left(\dfrac{\pi}{2}\right) = 1$, pois $P\left(\dfrac{\pi}{2}\right) = (0, 1)$
- sen(π) = 0, pois P(π) = (–1, 0)
- $\text{sen}\left(\dfrac{3\pi}{2}\right) = -1$, pois $P\left(\dfrac{3\pi}{2}\right) = (0, -1)$

Gráfico 6.23 – Função seno

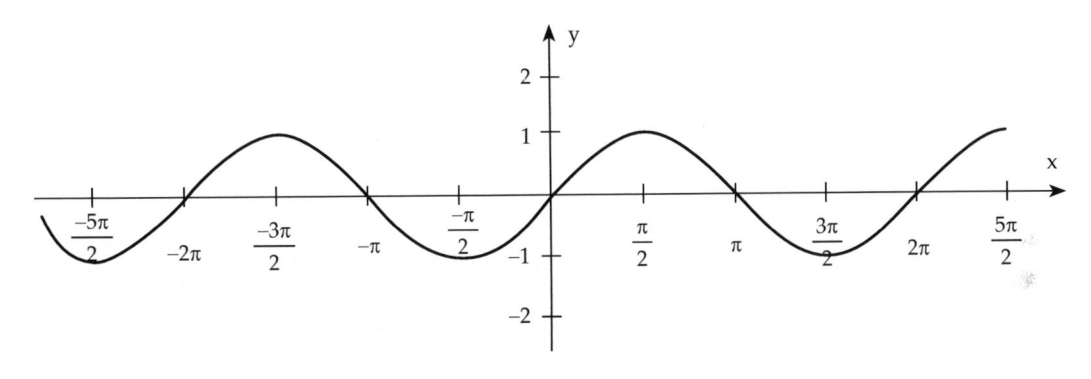

Veja que o eixo y já não é um eixo de simetria para o gráfico da função seno, no entanto, o gráfico é simétrico em relação à origem do sistema, isto é, a função seno é uma função ímpar, ou seja, sen(x) = –sen(–x).

A função seno também não é uma função injetora, mas ela é sobrejetora sobre o conjunto [–1, 1] (não sobre $\mathbb{R}$).

6.4.3 Função tangente

A função tangente foi definida como o quociente de sen x por cos x, logo, os valores de x onde cos x = 0 não podem pertencer ao domínio da função. Temos que:

$$\cos x = 0 \Leftrightarrow x = \dfrac{\pi}{2} + k \cdot \pi, \text{ para todo } k \in \mathbb{Z}$$

Portanto, $D(\text{tg} x) = \{x \in \mathbb{R} \mid x \neq \dfrac{\pi}{2} + k \cdot \pi \text{ com } k \, \mathbb{Z}\}$.

Gráfico 6.24 – Função tangente

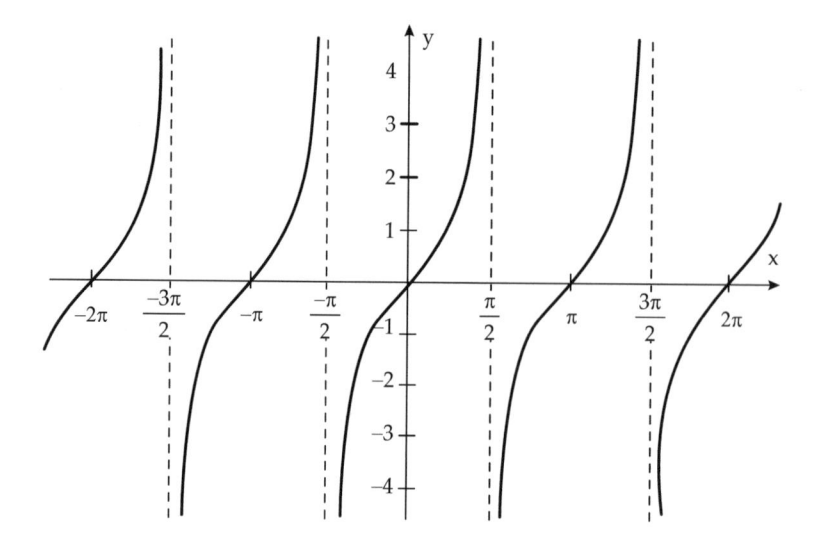

A imagem da função tangente é Im(tg (x)) = $\mathbb{R}$ e seu período é π.

Como a função cosseno é uma função par e a função seno é uma função ímpar, temos que:

$$\text{tg}(-x) = \frac{\text{sen}(-x)}{\cos(-x)} = \frac{-\text{sen}(x)}{\cos(x)} = -\frac{\text{sen}(x)}{\cos(x)} = -\text{tg}(x)$$

Portanto, a função tangente é uma função ímpar.

Veja, na Tabela 6.1, o valor das funções seno, cosseno e tangente para ângulos que aparecem frequentemente nos cálculos. Eles são chamados *ângulos notáveis*.

Tabela 6.1 – Ângulos notáveis

	30°	45°	60°
sen	$\frac{1}{2}$	$\frac{\sqrt{2}}{2}$	$\frac{\sqrt{3}}{2}$
cos	$\frac{\sqrt{3}}{2}$	$\frac{\sqrt{2}}{2}$	$\frac{1}{2}$
tg	$\frac{\sqrt{3}}{3}$	1	$\sqrt{3}$

> **Preste atenção!**
> Com esses valores podemos encontrar alguns outros, conhecendo as propriedades das funções trigonométricas. Por exemplo, temos que sen(–30°) = sen(360° – 30°) = sen(330°). Por outro lado, a função seno é uma função ímpar e, portanto, sen(330°) = sen(–30°) = – sen(30°) = $-\frac{1}{2}$.

6.5 Funções exponenciais

As funções exponenciais são muito usadas para representar fenômenos nas ciências naturais e sociais. Por exemplo, o crescimento de uma cultura de bactérias ao longo do tempo acontece de forma exponencial. A eliminação de uma substância do corpo, como uma ampicilina, a datação de materiais arqueológicos e cálculos financeiros são outros exemplos de variações exponenciais.

Uma função exponencial é uma função na qual a variável aparece no expoente e, como base, tem-se um número real positivo diferente de um.

> **Importante!**
> Uma função exponencial f: $\mathbb{R} \to \mathbb{R}$ é uma função da forma:
>
> $f(x) = a \cdot b^x$
>
> Onde a, b $\in \mathbb{R}$ com a $\neq$ 0, b > 0 e b $\neq$ 1. A constante *a* é o valor inicial e *b* é a base.

A expressão *valor inicial* para denominar *a* justifica-se porque, quando x = 0, temos, f(0) = a · b^0 = a · 1 = a.

Exemplo 6.13

Seja f: $\mathbb{R} \to \mathbb{R}$ dada por f(x) = 2^x. Então, *f* é uma função exponencial com valor inicial um e base dois. Podemos calcular o valor da função para alguns valores de *x* e verificar o seu comportamento.

Tabela 6.2 – Valores da função f(x) = 2^x

x	f(x)
–3	$2^{-3} = \frac{1}{2^3} = \frac{1}{8}$
–2	$2^{-2} = \frac{1}{2^2} = \frac{1}{4}$
–1	$2^{-1} = \frac{1}{2^1} = \frac{1}{2}$
0	$2^0 = 1$
1	$2^1 = 2$
2	$2^2 = 4$
3	$2^3 = 8$

Observe que, cada vez que aumentamos o valor de *x* em uma unidade, o valor de f(x) é multiplicado por 2 – essa é a função da base. Marcando esses pontos num sistema cartesiano, podemos ver como a função cresce rapidamente.

Gráfico 6.25 – Pontos do gráfico de $f(x) = 2^x$

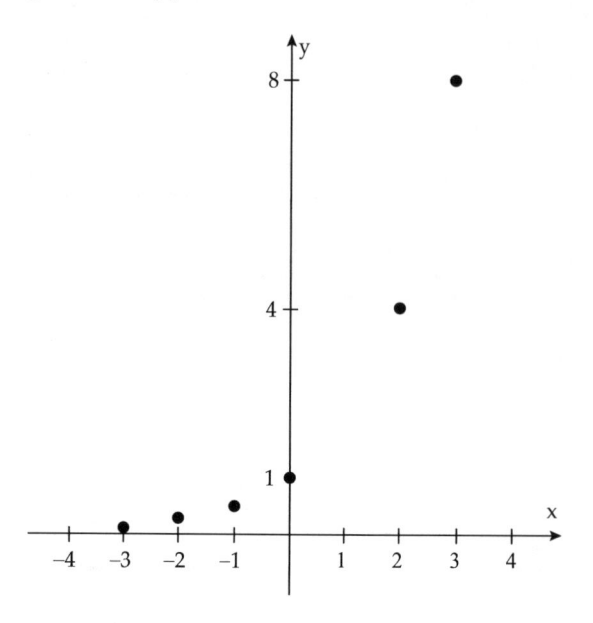

Observe o crescimento populacional de uma cultura que duplica o número de bactérias de hora em hora. Se, em algum momento, existem 8 bactérias no meio, uma hora depois haverá 16. Na hora seguinte, o número passará para 32 e, posteriormente, para 64, ou seja, o número de bactérias cresce exponencialmente.

6.5.1 Comportamento da função exponencial

Vamos analisar o comportamento da função exponencial olhando para o seu gráfico. Primeiro consideremos que a > 0. Assim, temos duas possibilidades (veja o Gráfico 6.26).

Gráfico 6.26 – $f(x) = a \cdot b^x$ com $a > 0$

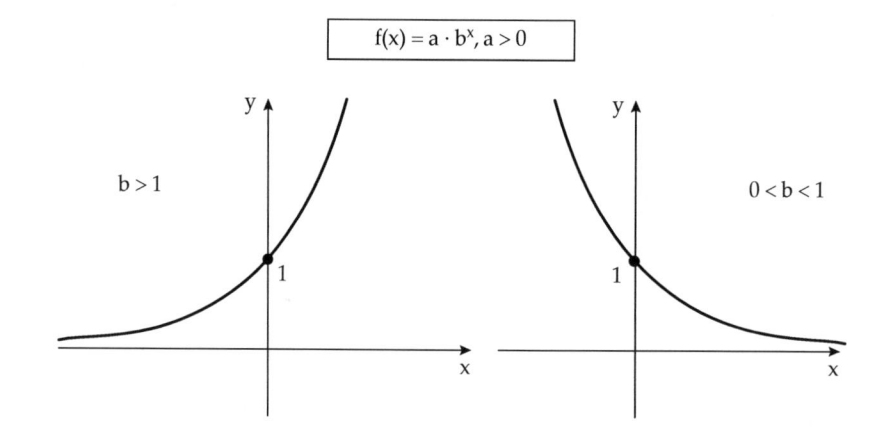

Podemos ver que, se a > 0, então, tanto para b > 0 quanto para 0 < b < 1, a imagem da função exponencial é formada pelos números reais positivos, isto é, Im(f) = $\mathbb{R}_+^*$ ou Im(f) = (0, +∞).

A função exponencial é injetora, mas não possui simetria, ou seja, não é par nem ímpar.

Se b > 0, então a função é crescente, e se 0 < b < 1, então a função é decrescente, mas, em ambos os casos, o gráfico da função passa pelo ponto (0, 1).

Agora, vamos supor que a < 0. Então, novamente, temos duas possibilidades (veja o Gráfico 6.27).

Gráfico 6.27 – f(x) = a · b^x com a < 0

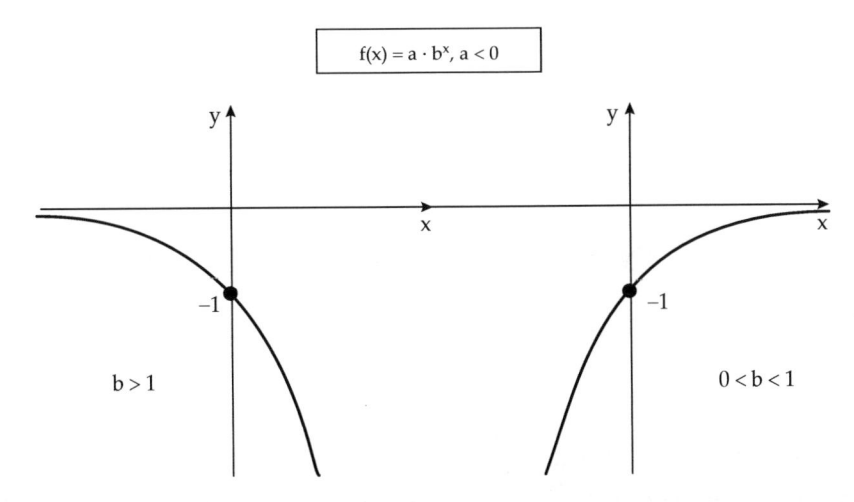

Se a < 0, então, tanto para b > 0 quanto para 0 < b < 1, a imagem da função exponencial é formada pelos números reais negativos, ou seja, Im(f) = $\mathbb{R}_-^*$ ou Im(f) = (-∞, 0).

A função exponencial é injetora, mas não possui simetria, isto é, não é par nem ímpar.

Se b > 0, então a função é decrescente, e se 0 < b < 1, então a função é crescente, mas, em ambos os casos, o gráfico da função passa pelo ponto (0, -1).

Exemplo 6.14

Veja, na Tabela 6.3, alguns valores de uma função exponencial *f*. Será que é possível encontrar uma fórmula para *f*?

Tabela 6.3 – Valores de uma função exponencial

x	f(x)
-2	128
-1	32
0	8
1	2
2	$\frac{1}{2}$

Sabemos que uma função exponencial é descrita pela fórmula $f(x) = a \cdot b^x$. Precisamos determinar os valores de a e b.

O valor inicial a é facilmente determinado, pois $8 = f(0) = a \cdot b^0 = a \cdot 1 = a$. Para encontrar o valor de b, podemos proceder de duas formas: utilizar um dos valores da tabela, por exemplo, $2 = f(1) = 8 \cdot b^1 = 8 \cdot b$, logo, $b = \frac{2}{8} = \frac{1}{4}$, ou observar que cada vez que acrescentamos uma unidade em x o valor da função é multiplicado por $\frac{1}{4}$.

$$128 \cdot \frac{1}{4} = 32$$

$$32 \cdot \frac{1}{4} = 8$$

$$8 \cdot \frac{1}{4} = 2$$

$$2 \cdot \frac{1}{4} = \frac{1}{2}$$

Assim, a função é dada por: $f(x) = 8 \cdot \left(\frac{1}{4}\right)^x$.

Exemplo 6.15

A função $f(x) = e^x$ é uma função exponencial de base e. Esse número irracional se chama *número de Euler* e vale aproximadamente $e = 2{,}71828\ldots$ Por sua vez, a base é usada tão frequentemente que é chamada de *base natural*. Como $2 < e < 3$, o gráfico de f fica entre os gráficos $g(x) = 2^x$ e $h(x) = 3^x$.

6.5.2 Resolvendo equações exponenciais

Seja $f(x) = b^x$ uma função exponencial e suponhamos que $f(x_1) = f(x_2)$. Como a função exponencial é injetora, devemos ter, necessariamente, $x_1 = x_2$. O que significa que, se $b^{x_1} = b^{x_2}$, então, $x_1 = x_2$.

$$b^{x_1} = b^{x_2} \Leftrightarrow x_1 = x_2,\ b > 0,\ b \neq 1$$

Essa propriedade é fundamental para resolvermos equações nas quais a variável encontra-se no expoente. A ideia é transformarmos a equação em uma igualdade que apresente potências de mesma base em ambos os lados da equação.

Exemplo 6.16

Vamos utilizar a propriedade que apresentamos para resolver as equações exponenciais:

1. $3^x = 81 \Rightarrow 3^x = 3^4 \Rightarrow x = 4$

2. $5^{x+2} = \frac{1}{25} \Rightarrow 5^{x+2} = 5^{-2} \Rightarrow x + 2 = -2 \Rightarrow x = -4$

3. $10 \cdot \left(\dfrac{1}{4}\right)^{\frac{x}{3}} = 5 \Rightarrow \left(\dfrac{1}{4}\right)^{\frac{x}{3}} = \dfrac{5}{10} = \dfrac{1}{2} \Rightarrow \left(\dfrac{1}{2^2}\right)^{\frac{x}{3}} = \dfrac{1}{2}$

$\Rightarrow \left(\left(\dfrac{1}{2}\right)^2\right)^{\frac{x}{3}} = \left(\dfrac{1}{2}\right)^1 \Rightarrow \left(\dfrac{1}{2}\right)^{2 \cdot \frac{x}{3}} = \left(\dfrac{1}{2}\right)^1 \Rightarrow 2 \cdot \dfrac{x}{3} = 1 \Rightarrow x = \dfrac{3}{2}$

6.6 Funções logarítmicas

Na seção anterior, vimos que uma função exponencial $g(x) = b^x$ é uma função injetora. Se tomarmos como contradomínio da função o seu conjunto imagem (CD(g) = Im(g)), teremos uma função exponencial bijetora. Assim, g terá uma função inversa, que é justamente a logarítmica $f(x) = \log_b(x)$ (lemos: "log de x na base b").

> **Importante!**
> A função logarítmica $f(x) = \log_b(x)$, com $x > 0$, $b > 0$ e $b \neq 1$, é a função inversa da função exponencial $g(x) = b^x$.

Os dois logaritmos mais utilizados são os logaritmos de base 10 e os de base e (o número de Euler). Ao trabalhar com logaritmos de base 10, normalmente utiliza-se a notação $\log(x) = \log_{10}(x)$. Assim, sempre que aparecer o símbolo *log* sem uma base, é porque esse logaritmo está na base 10. Por sua vez, os logaritmos de base e são chamados de *logaritmos naturais* ou *logaritmos neperianos* e são normalmente denotados por $\ln(x) = \log_e(x)$.

Exercício resolvido

1) Sendo $f(x) = \log_2(x)$ uma função logarítmica de base 2, encontre o valor da função f aplicada no ponto $x = 16$ ou, em outras palavras, encontre $f(16)$.

    Solução:
    Vamos denotar por $y = f(16) = \log_2(16)$. Desde que a função f seja a inversa da função $g(x) = 2^x$, temos que $g(y) = 16$, isto é, $2^y = 16$. Então, $y = 4$, ou seja, $f(16) = \log_2(16) = 4$.

6.6.1 O comportamento da função

Numa primeira análise da função logarítmica, podemos observar o gráfico que ela forma e, uma vez que ela é a inversa da função exponencial, ambas têm simetria em relação à reta $y = x$. Para $b > 1$, temos o exemplo do Gráfico 6.28.

Gráfico 6.28 – Função logarítmica b > 1

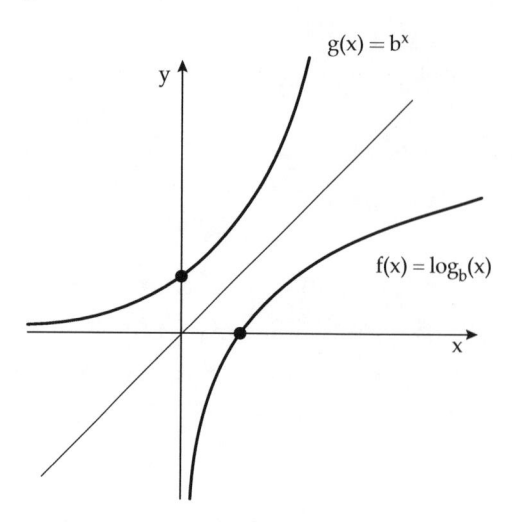

[Gráfico das funções $g(x) = b^x$ e $f(x) = \log_b(x)$ para $b > 1$]

Para b > 1, a função logarítmica $f(x) = \log_b(x)$ tem domínio $D(f) = \mathbb{R}_+^*$ e imagem $Im(f) = \mathbb{R}$. A função é injetora, crescente e não possui simetria.

Resta analisarmos a função logarítmica para 0 < b < 1. Veja o Gráfico 6.29.

Gráfico 6.29 – Função logarítmica 0 < b < 1

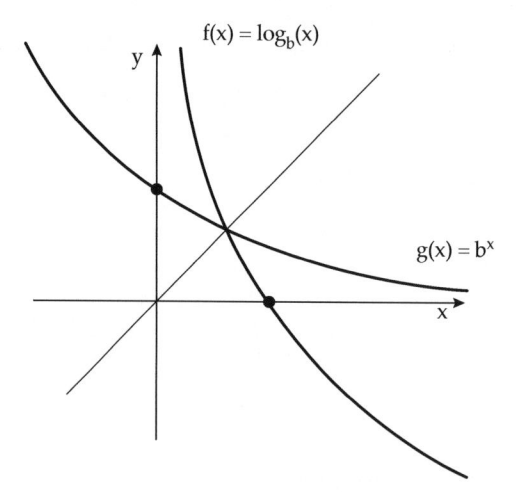

[Gráfico das funções $f(x) = \log_b(x)$ e $g(x) = b^x$ para $0 < b < 1$]

Para 0 < b < 1, a função logarítmica $f(x) = \log_b(x)$ tem domínio $D(f) = \mathbb{R}_+^*$ e imagem $Im(f) = \mathbb{R}$. A função é injetora, decrescente e não possui simetria.

6.6.2 Propriedades dos logaritmos

As propriedades de logaritmos que veremos a seguir são fundamentais para a resolução de equações logarítmicas, para as quais muitas vezes precisamos obter logaritmos de mesma base em ambos os lados da equação, do mesmo modo que fizemos com as equações exponenciais. Isso também se justifica pelo fato de a função logarítmica ser uma função injetora, ou seja, se $\log_b(x_1) = \log_b(x_2) \Rightarrow x_1 = x_2$.

$$\log_b(x_1) = \log_b(x_2) \Rightarrow x_1 = x_2,\ b,\ x_1,\ x_2 > 0,\ b \neq 1$$

Assim, uma fórmula muito útil para resolver equações logarítmicas é a fórmula de mudança de base:

$$\log_c(a) = \frac{\log_b(a)}{\log_b(c)},\ a,\ b,\ c > 0,\ b,\ c \neq 1$$

Para demonstrá-la, vamos denotar $x = \log_c(a)$, $y = \log_b(a)$ e $z = \log_b(c)$. Assim, queremos mostrar que $x = \frac{y}{z}$.

Temos que $c^x = a$, $b^y = a$ e $b^z = c$. Substituindo a primeira na segunda equação, temos que $c^x = b^y$. Agora, substituindo a terceira equação nessa última, temos $(b^z)^x = b^y$. De forma que $b^{z \cdot x} = b^y$, logo, $z \cdot x = y$ e, portanto, $x = \frac{y}{z}$.

Antes de passarmos aos exemplos, vamos observar três fórmulas essenciais a respeito dos logaritmos, mas, para vias de nosso estudo aqui, demonstraremos somente a primeira.

> **Importante!**
> **Propriedades dos logaritmos**
> Sejam b, x e y números reais positivos com $b \neq 1$ e k um número real qualquer, temos:
> - **Regra do produto**: $\log_b(x \cdot y) = \log_b(x) + \log_b(y)$
> - **Regra do quociente**: $\log_b\left(\dfrac{x}{y}\right) = \log_b(x) - \log_b(y)$
> - **Regra da potência**: $\log_b(x^k) = k \cdot \log_b(x)$

Para demonstrar a regra do produto, vamos denotar por: $p = \log_b(x \cdot y)$, $q = \log_b(x)$ e $r = \log_b(y)$. Assim, precisamos mostrar que $p = q + r$.

Pela definição de logaritmos, temos: $b^p = x \cdot y$, $b^q = x$ e $b^r = y$. Então, segue que:

$$b^p = x \cdot y = b^q \cdot b^r = b^{q+r}$$

Portanto, $p = q + r$, como queríamos demonstrar.

Exemplo 6.17

Veja a solução das seguintes equações logarítmicas:

- $\log_2(x + 1) = \log_2(7) \Rightarrow x + 1 = 7 \Rightarrow x = 6$
- $\log(2x - 3) + \log(3) = 2 \cdot \log(x) \Rightarrow \log((2x - 3) \cdot 3) = \log(x^2)$
  $\Rightarrow (2x - 3) \cdot 3 = x^2 \Rightarrow 6x - 9 = x^2 \Rightarrow x^2 - 6x + 9 = 0 \Rightarrow x = 3$

> **Preste atenção!**
> Cuidado! Sempre verifique se as "soluções" encontradas fazem sentido. No caso do Exemplo 6.18, $2 \cdot 3 - 3 = 3 > 0$. Então, $x = 3$ é mesmo a solução da equação.

Exercícios resolvidos

1) $\log_3(x + 4) + \log_3(2) = 2 \cdot \log_3(x)$.

Solução:

Resolvendo da mesma forma que vimos no Exemplo 6.18, temos: $(x + 4) \cdot 2 = x^2 \Rightarrow x^2 - 2x - 8 = 0 \Rightarrow x = -2$ ou $x = 4$.

Mas, $x = -2$ não é solução da equação logarítmica, pois teríamos no lado direito da equação o logaritmo de um número negativo ($\log_3(-2)$), e isso não existe, então faz sentido eliminar uma das soluções. Veja que a equação original é linear, ou seja, o maior grau da variável x é um. Logo, esperamos somente uma solução real, nesse caso, $x = 4$.

2) $\log_2(x^2) = 2$.

Solução:

Uma das formas de resolver essa equação seria: $2 \cdot \log_2(x) = 2 \Rightarrow \log_2(x) = \frac{2}{2} = 1 \Rightarrow 2^1 = x \Rightarrow x = 2$.

Mas, veja que $x = -2$ também é solução da equação, pois $2^2 = (-2)^2$. Ao contrário do item anterior, nessa equação tínhamos um problema de grau 2 e transformamos em um problema de grau um, eliminando assim uma das soluções. Por isso, muito cuidado ao utilizar a regra da potência quando for uma potência na qual a base tem uma variável.

Síntese

Na tabela a seguir, sintetizamos as principais funções elementares estudadas neste capítulo:

Função	Fórmula	Domínio/Imagem
Função afim	$f(x) = a \cdot x + b$ $a \neq 0$	$D(f) = \mathbb{R}$ $Im(f) = \mathbb{R}$
Função quadrática	$f(x) = a \cdot x^2 + b \cdot x + c$ $a \neq 0$	$D(f) = \mathbb{R}$ • $a > 0$ $Im(f) = \left[-\dfrac{\Delta}{4a}, +\infty\right)$ • $a < 0$ $Im(f) = \left(-\infty, -\dfrac{\Delta}{4a}\right]$
Função modular	$f(x) = |x|$	$D(f) = \mathbb{R}$ $Im(f) = \mathbb{R}$
Função seno	$f(x) = \operatorname{sen}(x)$	$D(f) = \mathbb{R}$ $Im(f) = [-1, 1]$
Função cosseno	$f(x) = \cos(x)$	$D(f) = \mathbb{R}$ $Im(f) = [-1, 1]$
Função tangente	$f(x) = \operatorname{tg}(x)$	$D(f) = \left\{x \in \mathbb{R} \mid x \neq \dfrac{\pi}{2} + k \cdot \pi,\ k \in \mathbb{Z}\right\}$ $Im(f) = \mathbb{R}$
Função exponencial	$f(x) = a \cdot b^x$ $a \neq 0, b > 0, b \neq 1$	$D(f) = \mathbb{R}$ • $a > 0$ $Im(f) = \mathbb{R}_+^*$ • $a < 0$ $Im(f) = \mathbb{R}_-^*$
Função logarítmica	$f(x) = \log_b(x)$ $b > 0, b \neq 1$	$D(f) = \mathbb{R}_+^*$ $Im(f) = \mathbb{R}$

Atividades de autoavaliação

1) Dada a função afim $f(x) = -2 \cdot x + 10$, assinale a alternativa correta:
   a. O coeficiente angular de f é 10 e a função é crescente.
   b. O coeficiente angular de f é –2 e a função é crescente.
   c. O coeficiente angular de f é $\frac{10}{-2} = -5$ e a função é decrescente.
   d. O coeficiente angular da função é –2 e a função é decrescente.
   e. O coeficiente angular da função é $\frac{10}{-2} = -5$ e a função é crescente.

2) Seja $f(x) = 2x^2 - 2x - 4$ uma função quadrática. Os zeros da função e o vértice do seu gráfico são:
   a. Zeros: $x = 1$ e $x = 2$; Vértice: $V = \left(1, \frac{9}{2}\right)$.
   b. Zeros: $x = 1$ e $x = -2$; Vértice: $V = \left(\frac{1}{2}, \frac{9}{2}\right)$.
   c. Zeros: $x = -1$ e $x = 2$; Vértice: $V = \left(1, -\frac{9}{2}\right)$.
   d. Zeros: $x = 1$ e $x = 2$; Vértice: $V = \left(\frac{1}{2}, 9\right)$.
   e. Zeros: $x = -1$ e $x = 2$; Vértice: $V = \left(\frac{1}{2}, -\frac{9}{2}\right)$.

3) Marque a alternativa que apresenta corretamente o domínio e a imagem da função modular $f(x) = |x^2 + 1|$:
   a. $D(f) = \mathbb{R}$; $Im(f) = \mathbb{R}_+$.
   b. $D(f) = \mathbb{R}_+$; $Im(f) = \{x \in \mathbb{R} \mid x \geq 1\}$.
   c. $D(f) = \mathbb{R}$; $Im(f) = \{x \in \mathbb{R} \mid x \geq 1\}$.
   d. $D(f) = \{x \in \mathbb{R} \mid x \geq 1\}$; $Im(f) = \mathbb{R}_+$.
   e. $D(f) = \{x \in \mathbb{R} \mid x \geq 1\}$; $Im(f) = \mathbb{R}$.

4) Analise as afirmações a respeito das funções trigonométricas e marque-as como verdadeiras (V) ou falsas (F).
   ( ) A função seno está definida para todos os números reais e é uma função crescente.
   ( ) A função $f(x) = sen(x)$ tem como imagem o conjunto $[-1, 1]$.
   ( ) Se $f(x) = cos(x)$, então, f é uma função de período 2π.
   ( ) A imagem da função tangente é o conjunto $[-1, 1]$.

Agora, assinale a alternativa que corresponde à sequência correta:
a. F, V, V, F.
b. F, V, F, V.
c. V, F, V, F.
d. V, V, V, F.
e. F, V, V, V.

5) Para que a função exponencial $f(x) = (2 \cdot k + 9)^x$ seja crescente, o valor de k deve ser:
a. $k > 1$.
b. $k > -4$.
c. $k < 10$.
d. $k = 2$.
e. $k < \dfrac{9}{2}$.

Atividades de aprendizagem

1) Esboce o gráfico das seguintes funções:
a. $f(x) = -x + 4$
b. $f(x) = x^2 - 2x - 8$
c. $f(x) = |x^2 - 2x - 8|$

2) Qual o máximo valor que a função $f(x) = 4 + 3 \cdot \cos(2x + 10)$ assume?

3) Encontre o domínio das funções:
a. $f(x) = \ln(x^2) + \ln(x - 3)$
b. $f(x) = \log_2(x - 3)^2$

Para concluir...

Ao finalizar o estudo desta obra, esperamos que você esteja apto a iniciar o curso de Cálculo Diferencial e Integral tendo uma base bem estabelecida. Para isso, iniciamos nossa abordagem, no Capítulo 1, analisando especialmente as operações entre conjuntos, explorando amplamente os exemplos, o que certamente deve ter ajudado você, caro leitor, a melhor compreender o desenvolvimento lógico matemático.

Como você viu no decorrer do Capítulo 2, as operações usuais dos conjuntos numéricos são definidas com base em suas propriedades. Vimos, ainda, uma introdução à Teoria dos números, trabalhando com a divisibilidade e o máximo divisor comum (mdc) envolvendo os números inteiros.

A partir do Capítulo 3, passamos a desenvolver técnicas de soluções de equações e inequações de primeiro e segundo graus com exemplos práticos. Discutimos as equações diofantinas lineares dando exemplos de soluções completas para facilitar a sua compreensão.

Ao definir as relações entre conjuntos, no Capítulo 4, verificamos que esse é um conceito essencial para o estudo das funções. Além disso, vimos que as relações de ordem e de equivalência têm propriedades específicas, que analisamos dando exemplos.

Deixamos a definição das funções para o Capítulo 5, no qual abordamos as muitas características que elas podem apresentar.

Para finalizar, no Capítulo 6, estudamos as funções elementares e suas principais características, que analisamos sobretudo por meio de gráficos.

É interessante que você saiba que, frequentemente, é comum que estudantes do ensino superior tenham dificuldades na disciplina de Cálculo, mas é importante ressaltar que essa dificuldade não está, na grande maioria das vezes, relacionada a tópicos específicos da disciplina, mas sobretudo à falta de um preparo em tópicos de álgebra, funções e seus gráficos. Por isso, nossa maior pretensão é que esta obra sirva como um guia e possa ser consultada sempre que surgir alguma dúvida nesse sentido.

Nossa pretensão é que você tenha explorado de modo amplo as teorias, os exemplos e as práticas propostos aqui, e que isso tenha contribuído não apenas para esclarecer quaisquer dúvidas, mas também para instigar pesquisas mais aprofundadas sobre os assuntos que abordamos.

Ademais, desejamos ter contribuído com você nessa jornada prazerosa de levar o conhecimento matemático adiante.

Um grande abraço.

Referências

ADAMI, A. M.; DORNELLES FILHO, A. A.; LORANDI, M. M. **Pré-cálculo**. Porto Alegre: Bookman, 2015.

BOYER, C. B. **História da matemática**. Tradução de Elza F. Gomide. 2. ed. São Paulo: Edgard Blücher, 1996.

CARVALHO, N. T. B.; GIMENEZ, C. S. C. **Fundamentos de matemática I**. 2. ed. Florianópolis: UFSC/EAD/CED/CFM, 2009. Material didático do curso de licenciatura de Matemática na modalidade a distância.

DEMANA, F. D. et al. **Pré-cálculo**. 2. ed. São Paulo: Pearson Education do Brasil, 2013.

DOMINGUES, H. H. **Fundamentos de aritmética**. São Paulo: Atual, 1991.

FERREIRA, J. **A construção dos números**. 3. ed. Rio de Janeiro: SBM, 2013.

HEFEZ, A. **Indução matemática**. Apostilas OBMEP, v. 4, Niterói, 2007. Disponível em: <http://www.obmep.org.br/docs/apostila4.pdf>. Acesso em: 27 fev. 2018.

IPEA – Instituto de Pesquisa Econômica Aplicada. Disponível em: <http://www.ipeadata.gov.br/>. Acesso em: 27 fev. 2018.

KILHIAN, K. Demonstração dos ângulos notáveis. **O Baricentro da Mente**, 3 maio 2010. Disponível em: <http://www.obaricentrodamente.com/2010/05/demonstracao-dos-angulos-notaveis.html> . Acesso em: 27 fev. 2018.

SAFIER, F. **Pré-cálculo**: mais de 700 problemas resolvidos. 2. ed. Porto Alegre: Bookman, 2011. (Coleção Schaum).

THOMAS, G. B. **Cálculo**. 12. ed. São Paulo: Pearson Education do Brasil, 2012. v. 1.

VENTURI, J. J. **Cônicas e quádricas**. 5. ed. Curitiba: [s.n.], 2003. Disponível em: <http://www.geometriaanalitica.com.br/livros/cq.pdf>. Acesso em: 27 fev. 2018.

Bibliografia comentada

BOYER, C. B. **História da matemática**. Tradução de Elza F. Gomide. 2. ed. São Paulo: Edgard Blücher, 1996.

Nessa obra, Boyer traz o desenvolvimento da matemática na história da humanidade passando por diversas civilizações, como a egípcia, a mesopotâmica, a grega, a chinesa, a árabe, entre outras. Traz também as contribuições de grandes personalidades da matemática, como Descartes, Fermat, Newton, Leibniz, Gauss, Bernoulli, Euler etc.

CARVALHO, N. T. B.; GIMENEZ, C. S. C. **Fundamentos de matemática I**. 2. ed. Florianópolis: UFSC/EAD/CED/CFM, 2009. Material didático do curso de licenciatura de Matemática na modalidade a distância.

Nessa obra, Carvalho e Gimenez apresentam um pouco da história dos números e dos sistemas de numeração de diferentes povos, desde a concepção até o estabelecimento do sistema de numeração decimal como universal.

DEMANA, F. D. et al. **Pré-cálculo**. 2. ed. São Paulo: Pearson Education do Brasil, 2013.

De maneira objetiva, clara e bastante prática, Demana apresenta nessa obra as ferramentas básicas aos alunos que ingressam num curso de Cálculo Diferencial e Integral. Os conceitos básicos da álgebra e as funções elementares são largamente explorados. No capítulo 10, é possível revisar a divisão longa e o algoritmo da divisão para polinômios, bem como o método de Briot Ruffini para a divisão de polinômios.

DOMINGUES, H. H. **Fundamentos de aritmética**. São Paulo: Atual, 1991.

Fundamentos de aritmética é uma obra introdutória à teoria de números. Os critérios de divisibilidade de números inteiros, as equações diofantinas e as congruências são alguns dos tópicos desenvolvidos pelo autor, que demonstra vários resultados e sugere uma gama variada de exercícios.

FERREIRA, J. **A construção dos números**. 3. ed. Rio de Janeiro: SBM, 2013.

Nessa obra, Ferreira apresenta a construções dos conjuntos numéricos de forma bastante rigorosa, mas de maneira clara, o que torna o livro acessível a qualquer aluno que tenha conhecimento dos assuntos básicos de matemática estudados no ensino médio. Especificamente a respeito do conjunto dos números reais, a construção é feita com base no conjunto dos números racionais e suas propriedades, utilizando os cortes de Dedekind.

HEFEZ, A. **Indução matemática**. Apostilas OBMEP, v. 4, Niterói, 2007. Disponível em: <http://www.obmep.org.br/docs/apostila4.pdf>. Acesso em: 27 fev. 2018.

O autor trata a indução matemática de forma bem didática nessa obra. Nos exemplos apresentados, ele demonstra algumas fórmulas matemáticas usando o princípio da indução e propõe outras tantas para o leitor.

KILHIAN, K. Demonstração dos ângulos notáveis. **O Baricentro da Mente**, 3 maio 2010. Disponível em: <http://www.obaricentrodamente.com/2010/05/demonstracao-dos-angulos-notaveis.html>. Acesso em: 27 fev. 2018.

Nesse artigo, Kilhian faz uma demonstração dos valores das funções seno, cosseno e tangente para os ângulos notáveis, utilizando relações de triângulos equiláteros e triângulos retângulos.

SAFIER, F. **Pré-cálculo**: mais de 700 problemas resolvidos. 2. ed. Porto Alegre: Bookman, 2011. (Coleção Schaum).

Nesse livro, Safier aborda a matemática básica e elementar. De forma não muito rigorosa, mas bastante clara e objetiva, o autor trabalha com as equações, inequações e funções elementares. Os problemas resolvidos e propostos colaboram de forma bastante significativa com a aprendizagem.

THOMAS, G. B. **Cálculo**. 12. ed. São Paulo: Pearson Education do Brasil, 2012. v. 1.

No primeiro capítulo desse livro, Thomas mostra gráficos de diversas funções, desde as mais elementares até as mais complexas, mas é no capítulo 4 que ele mostra detalhadamente como esboçar gráficos de funções usando Limites e Derivadas.

VENTURI, J. J. **Cônicas e quádricas**. 5. ed. Curitiba: [s.n.], 2003. Disponível em: <http://www.geometriaanalitica.com.br/livros/cq.pdf>. Acesso em: 27 fev. 2018.

Venturi traz um estudo minucioso das curvas cônicas no plano, em particular, trabalha com as parábolas explorando todas as translações e reflexões no sistema cartesiano.

Respostas

CAPÍTULO 1

Atividades de autoavaliação

1) b

2) c

3) e

4) d

5) a

Atividades de aprendizagem

1)
  a. $A \cup B = \{1, 2, 3, 4, 5, 6, 7\}$

  b. $A \cap B = \{4, 7\}$

  c. $A - B = \{1, 3, 6\}$

2)

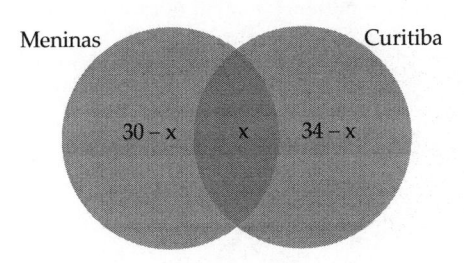

$42 = (30 - x) + x + (34 - x)$
$x = 22$
Resposta: 22 alunos são meninas e naturais de Curitiba.

[Diagrama de Venn com três conjuntos: Alho, Chá verde, Bacon.
- Apenas Alho: 30
- Alho ∩ Chá verde (apenas): 40
- Alho ∩ Bacon (apenas): 30
- Alho ∩ Chá verde ∩ Bacon: 50
- Apenas Chá verde: 20
- Chá verde ∩ Bacon (apenas): 20
- Apenas Bacon: 0]

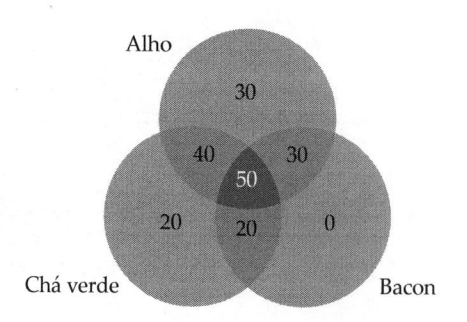

3)

Resposta: 30 clientes gostam apenas de sorvete de alho e nenhum cliente gosta apenas de sorvete de bacon.

4)

a. Para mostrar que $A = B$, devemos mostrar que $A \subset B$ e $B \subset A$.

Suponhamos que $A \cup B \subset A \cap B$.

i) Se $x \in A$, então, $x \in A \cup B$. Da hipótese, segue que $x \in A \cap B$, ou seja, $x \in A$ e $x \in B$. Com isso, mostramos que $A \subset B$.

ii) Se $x \in B$, procedemos exatamente como no passo anterior e mostramos que $x \in A$, isto é, $B \subset A$.

Portanto, $A = B$.

b. Vamos mostrar duas inclusões: $A \cup (B - A) \subset A \cup B$ e $A \cup B \subset A \cup (B - A)$.

i) Suponhamos que $x \in A \cup (B - A)$. Então, $x \in A$ ou $x \in (B - A)$.

Se $x \in A$, então, $x \in A \cup B$.

Se $x \in (B - A)$, então, $x \in B$, logo, $x \in A \cup B$.

Em qualquer caso, $x \in A \cup B$, portanto, $A \cup (B - A) \subset A \cup B$.

ii) Suponhamos que $x \in A \cup B$, então, $x \in A$ ou $x \in B$.

Se $x \in A$, então, $x \in A \cup (B - A)$.

Se $x \notin A$, então, temos que $x \in B$, pois pertence à união $A \cup B$ e, portanto, $x \in (B - A)$, onde $x \in A \cup (B - A)$.

Em qualquer caso, $x \in A \cup (B - A)$, então, $A \cup B \subset A \cup (B - A)$.

Portanto, $A \cup B = A \cup (B - A)$.

c. Suponhamos que exista x tal que $x \in A \cap (B - A)$. Então, $x \in A$ e $x \in (B - A)$. Daí, segue que $x \notin A$. Assim, temos que $x \in A$ e $x \notin A$, que é uma contradição. Portanto, não existe x tal que $x \in A \cap (B - A)$, isto é, $A \cap (B - A) = \varnothing$.

d. Suponhamos que $x \in C - (A \cup B)$. Então:

$x \in C$ e $x \notin (A \cup B)$

$\Rightarrow x \in C$ e $x \notin A$ e $x \notin B$

$\Rightarrow x \in (C - A)$ e $x \in (C - B)$

$\Rightarrow x \in (C - A) \cap (C - B)$.

Portanto, $C - (A \cup B) \subset (C - A) \cap (C - B)$

Por outro lado, suponhamos que $x \in (C - A) \cap (C - B)$. Então:

$x \in (C - A)$ e $x \in (C - B)$

$\Rightarrow x \in C$ e $x \notin A$ e $x \notin B$

$\Rightarrow x \in C$ e $x \notin (A \cup B)$

$\Rightarrow x \in C - (A \cup B)$.

Assim, $(C - A) \cap (C - B) \subset C - (A \cup B)$ e, portanto, $C - (A \cup B) = (C - A) \cap (C - B)$.

e. Suponhamos que $A \cap C = \varnothing$. Vamos mostrar duas inclusões:

i) Suponhamos que $x \in A \cap (B \cup C)$. Então, $x \in A$ e $x \in B \cup C$. Mas, como $A \cap C = \varnothing$, devemos ter que $x \notin C$. Logo, $x \in B$. Portanto, $x \in A \cap B$.

ii) Suponhamos que $x \in A \cap B$. Então, $x \in A$ e $x \in B$. Deste último, segue que $x \in B \cup C$. Assim, $x \in A \cap (B \cup C)$.

Portanto, se $A \cap C = \varnothing$, temos que $A \cap (B \cup C) = A \cap B$.

CAPÍTULO 2

Atividades de autoavaliação:

1) c

2) e

3) b

4) e

5) a

Atividades de aprendizagem:

1)

a. $\dfrac{3}{9}$

b. $\dfrac{17}{99}$

c. $\dfrac{124}{990}$

d. $\dfrac{284}{9\,000}$

2)

a. Suponhamos que $a + a = a$. Então, somando o inverso aditivo de a em ambos os lados da igualdade, temos:

$(a + a) + (-a) = a + (-a)$

$a + (a + (-a)) = a + (-a)$ (associatividade da adição)

$a + 0 = 0$ (inverso aditivo)

$a = 0$ (elemento neutro da adição)

b. Seja $a \in \mathbb{R}$, temos que $a + (-a) = 0$, isto é, $(-a)$ é o inverso aditivo de a. Portanto, $a = -(-a)$.

c. Precisamos mostrar duas implicações:

i) $a \cdot a + b \cdot b = 0 \Rightarrow a = 0$ e $b = 0$

ii) $a = 0$ e $b = 0 \Rightarrow a \cdot a \cdot b \cdot b = 0$

A segunda implicação podemos mostrar facilmente, pois, se $a = 0$ e $b = 0$, temos que $a \cdot a = 0 \cdot 0 = 0$ e $b \cdot b = 0 \cdot 0 = 0$. Assim, $a \cdot a + b \cdot b = 0 + 0 = 0$.

Para a primeira implicação, vamos mostrar primeiro que se $a \neq 0$, então, $a \cdot a > 0$.

De fato, se a ≠ 0, temos que a > 0 ou a < 0:

Se a > 0, então, a · a > 0 · a = 0, isto é, a · a > 0.

Se a < 0, então, a · a > 0 · a = 0 (lembre que a desigualdade inverte, pois *a* é negativo. Assim, a · a > 0 para todo a ≠ 0.

Suponhamos agora que a · a + b · b = 0 e, por contradição, que a ≠ 0. Nesse caso, segue que
0 = a · a + b · b > 0 + b · b = b · b, ou seja, b · b < 0. Mas isso é uma contradição, pois, se b = 0, temos que b · b = 0 e, se b ≠ 0, temos que b · b > 0. Portanto, a = 0.

Para provar que b = 0, basta proceder da mesma forma, ou seja, suponha que b ≠ 0 e chegará em uma contradição.

3)

a. Propriedade verdadeira.

b. Propriedade falsa. Contraexemplo: se n = 7, temos que:

$n^2 = 7^2 = 49$

$3 \cdot (2 \cdot n + 1) = 3 \cdot (2 \cdot 7 + 1) = 3 \cdot 15 = 45$

$49 \not< 45$

c. Propriedade verdadeira.

4)

c. Como a|b e b|a, existem $k_1, k_2 \in \mathbb{Z}$ tais que $a = k_1 \cdot b$ e $b = k_2 \cdot a$. Substituindo a segunda igualdade na primeira, temos que $1 \cdot a = a = k_1 \cdot (k_2 \cdot a) = (k_1 \cdot k_2) \cdot a$. Vamos separar em dois casos:

Se a = 0, então, como $b = k_2 \cdot a$, segue que b = 0. Assim, |a| = |0| = 0 = |0| = |b|.

Se a ≠ 0, pela lei do cancelamento na igualdade $1 \cdot a = (k_1 \cdot k_2)a$, temos que $k_1 \cdot k_2 = 1$. Assim, $k_1 = 1 = k_2$ ou $k_1 = -1 = k_2$. Portanto, a = b ou a = –b e, portanto, |a| = |b|.

5)

a. (⇒) Suponhamos que |a| < b. Se a < 0, então, –a = |a| < b, logo, –b < a. Se a ≥ 0, então, a = |a| < b, ou seja, a < b. Portanto, em qualquer dos casos, segue que –b < a < b.

(⇐) Suponhamos que –b < a < b. Se a < 0, temos que |a| = –a < b. Se a ≥ 0, então, |a| = a < b. Portanto, em qualquer dos casos, segue que |a| < b.

CAPÍTULO 3

Atividades de autoavaliação

1) d

2) c

3) b

4) e

5) a

Atividades de aprendizagem

1) Vamos chamar de x o comprimento de um dos lados do terreno. Assim, o outro lado mede $(x - 10)$. Desde que o perímetro do terreno é 80 m, temos que:

$x + x + (x - 10) + (x - 10) = 80$

$4x - 20 = 80$

$4x = 100$

$x = 25$

Assim, um dos lados do terreno mede 25 m e o outro mede 15 m, portanto, a área do terreno é:

$25 \text{ m} \times 15 \text{ m} = 375 \text{ m}^2$

2) No estoque inicial, temos: x bolas de basquete e $3x$ bolas de futebol. Depois das vendas, temos: $3 \cdot x - 26$ bolas de futebol e $x - 2$ bolas de basquete. Como depois das vendas a quantidade de bolas de cada tipo se iguala, temos:

$3 \cdot x - 26 = x - 2$

Assim, $x = 12$. Portanto, no estoque inicial, temos: $3 \cdot x + x = 3 \cdot 12 + 12 = 48$ bolas.

3) Os números são 1 e 2.

4) A medida do lado do quadrado deve ser maior do que 4.

5)

a. (reta numérica: $x < 5$, círculo aberto em 5)

b. (reta numérica: $x = -1$ e $x = \frac{1}{3}$, pontos fechados)

c. (reta numérica: $-2 < x < 1$, círculos abertos em -2 e 1)

6) Vamos denotar o número de quadras de basquete por x e o número de quadras de vôlei por y. Como cada quadra precisa ter duas equipes, temos a equação diofantina:

$10 \cdot x + 12 \cdot y = 100$

A equação possui solução, pois $\text{mdc}(12, 10) = 2$ e $2 \mid 100$. Temos:

$12 = 10 \cdot 1 + 2$

$2 = 12 \cdot 1 + 10 \cdot (-1)$

$2 \cdot 50 = 12 \cdot 1 \cdot 50 + 10 \cdot (-1) \cdot 50$

$100 = 12 \cdot 50 + 10 \cdot (-50)$

Uma solução particular para a equação é $x_0 = 50$, $y_0 = -50$. Portanto, a solução geral da equação é:

$\begin{cases} x = 50 + \dfrac{10}{2}t \\ y = -50 - \dfrac{12}{2}t \end{cases}$, isto é, $\begin{cases} x = 50 + 5t \\ y = -50 - 6t \end{cases}$. Mas, o número de quadras não pode ser negativo, então, devemos ter:

$\begin{cases} 50 + 5t \geq 0 \\ -50 - 6t \geq 0 \end{cases}$

Da primeira equação, tiramos que t ≥ –10 e, da segunda, tiramos que $t \leq -\frac{50}{6}$. Os únicos inteiros que satisfazem essas duas inequações simultaneamente são: t = –9 e t = –10.

Se t = –9, temos x = 5 e y = 4, isto é, cinco quadras de vôlei e quatro quadras de basquete.

Se t = –10, temos x = 0 e y = 10, isto é, nenhuma quadra de vôlei e 10 quadras de basquete.

7 · x = 3 e y = 5.

CAPÍTULO 4

Atividades de autoavaliação

1) b

2) c

3)
    e. Comentário: observe que R não é antissimétrica, pois os pares (0, 4) e (4, 0) pertencem à relação, mas 0 ≠ 4. E R não é transitiva, pois os pares (0, 4) e (4, 6) pertencem à relação, mas o par (0, 6) não pertence.

4) a

5) d

Atividades de aprendizagem

1)
    Reflexiva: Desde que x – x = 0 ∈ ℤ para todo x ∈ ℝ, temos xRx, ∀ x ∈ ℝ.
    Simétrica: Se xRy para x, y ∈ ℝ, temos que x – y = a ∈ ℤ. Assim, y – x = – a ∈ ℤ, pois a ∈ ℤ. Portanto, se xRy, segue que yRx.
    Antissimétrica: Se xRy e yRz, para x, y, z ∈ ℝ, então, x – y = a ∈ ℤ e y – z = b ∈ ℤ. Somando as duas igualdades, temos: x – y + y – z = a + b ∈ ℤ, isto é, x – z ∈ ℤ e, portanto, xRz.

2) Basta observar que 1R2 e 2R3, mas não temos 1R3. Portanto, a relação não é transitiva.

3) R = {(1, 1), (1, 2), (1, 3), (2, 1), (2, 2), (2, 3), (3, 1), (3, 2), (3, 3), (4, 4), (4, 6), (5, 5), (5, 7), (6, 4), (6, 6), (7, 5), (7, 7), (8, 8), (8, 9), (8, 10), (9, 8), (9, 9), (9, 10), (10, 8), (10, 9), (10, 10)}

CAPÍTULO 5

Atividades de autoavaliação

1) d

2) c

3) b

4) e

5) a

Atividades de aprendizagem

1)
   a. Par.

   b. Ímpar.

   c. Nenhuma.

2) k = 1

3) Gráfico da função $f^{-1} = \sqrt[3]{x-3}$

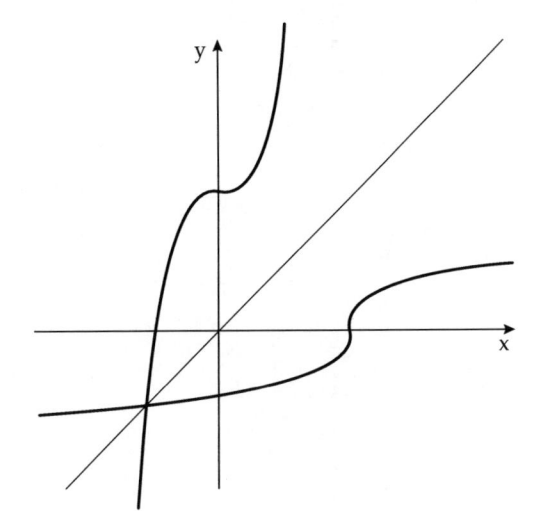

CAPÍTULO 6

Atividades de autoavaliação

1) d

2) e

3) c

4) a

5) b

Atividades de aprendizagem

1)

a. Gráfico B – Função $f(x) = -x + 4$

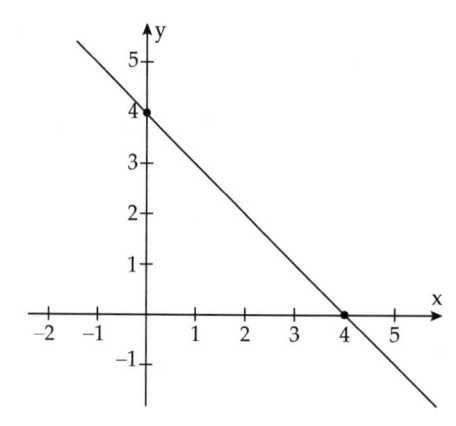

b. Gráfico C – Função $f(x) = x^2 - 2x - 8$

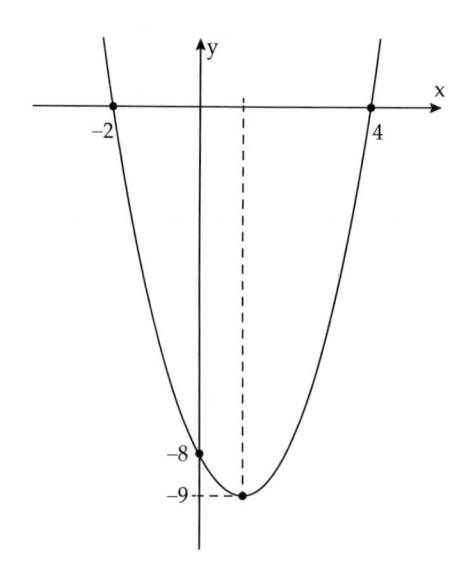

c. Gráfico D – Função $f(x) = |x^2 - 2x - 8|$

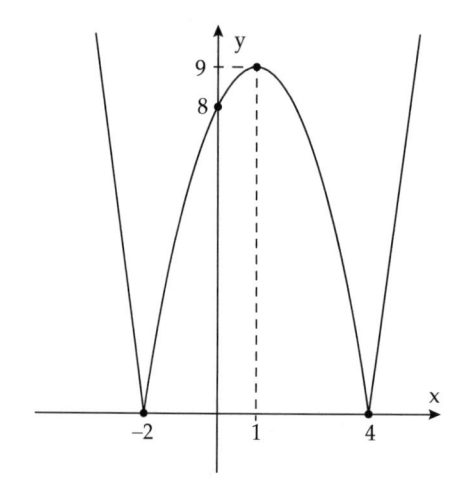

2) A função cosseno assume valores entre −1 e 1 independente do valor do ângulo, ou seja, $-1 \leq \cos(t) \leq 1$ para qualquer t real. Assim, se $t = 2 \cdot x + 10$, segue que $-1 \leq \cos(2 \cdot x + 10) \leq 1$.

Portanto, $4 + 3 \cdot (-1) \leq 4 + 3 \cdot \cos(2 \cdot x + 10) \leq 4 + 3 \cdot 1$, logo, $1 \leq f(x) \leq 7$. Então, o maior valor que a função assume é 7.

3)
- **a.** $D(f) = (3, +\infty)$
- **b.** $D(f) = \{x \in \mathbb{R} \mid x \neq 3\}$

Sobre o autor

Ana Cristina Corrêa Munaretto é doutora em Matemática (2016), especialista em Expressão Gráfico no Ensino (2010), mestre em Matemática Aplicada (2005) e Licenciada em Matemática (2002), todos pela Universidade Federal do Paraná (UFPR). Possui doutorado sanduíche (2014) pela Université Libre de Bruxelles (ULB) – Bruxelas/Bélgica. Atualmente é professora de magistério superior na Universidade Tecnológica Federal do Paraná, campus Curitiba (UTFPR-CT). Exerceu atividades como professora-tutora no ensino à distância e trabalha com elaboração de materiais didáticos. Tem experiência com ensino superior na modalidade presencial e à distância nas instituições: Universidade Federal do Paraná (UFPR), Universidade Tecnológica Federal do Paraná (UTFPR), Pontifícia Universidade Católica (PUC-PR) e Universidade Positivo (UP).

Impressão:
Abril/2023